現場で役立つ
必須の知識、満載!

OpenJDKから
始まる
大変革期!

みんなの

Java

技術評論社

■ご購入前にお読みください

はじめに

　2014年に「Javaエンジニア養成読本」という書籍が刊行されました。当時の最新動向を踏まえてまとめたものでしたが、それから6年が経とうとしています。その間にJavaとJavaを取り巻く環境が大きく変化しました。

　取り巻く環境としては、クラウドや仮想化が進んだ結果、マイクロサービスが流行りコンテナ化が行われサーバレスが流行り、サーバーの実行形態が変化してきました。そういった変化についていけるようJavaのリリースモデルが変更され、OpenJDKをベースとしたコミュニティベースのJavaの進化がはじまりました。また、Java EEでもJakarta EEへの移行が始まり、コミュニティベースの開発になってきています。Spring Framework一強という状況であった非Java EE/Jakarta EEのフレームワークにもMicronaut/Quarkus/Helidonといった対抗馬が現れてきています。

　そしてGraalVM native-imageにより、Javaのプログラムをネイティブ化させて動かすという方向性もうまれました。

　Java自身の機能もこれまでの弱点を埋めるよう、そして継続して発展していけるよう強化が行われています。

　Javaはみんなで作るものになりました。

　ところで、この原稿はストックホルムで書いています。JfokusというJavaイベントに参加していて、今回は日本から5人が参加しました。サンフランシスコで行われ2020年からはラスベガスで行われるOracle Code Oneにも毎年20人以上が日本から参加しています。逆に、日本で行われるJavaコミュニティイベントのJJUG CCCには外国から多くのJava技術者が参加するようになりました。もちろん、日本からの参加も1000人近くになっています。ブログ、Twitter、Slack、LINEオープンチャットなど、Javaに関する議論を行うコミュニケーションの手段も増えて活発になっています。情報や人の交流が盛んになっていることが感じられ、それに伴ってソフトウェア技術をはじめとしたあらゆる技術の変化が速くなっています。Javaにもその変化への対応が必要であり、もちろんそれを使うぼくたちも、その変化に取り残されないようにする必要があります。本書では、Javaでの開発がどのように変化したかをいろいろな視点からまとめました。これからも続いていく変化についていく手助けになれば幸いです。

きしだ なおき

目次

はじめに ……………………………………………………………………………………… 3

目次 …………………………………………………………………………………………… 4

著者プロフィール ………………………………………………………………………… 6

第1章 Java 9から14までに起こった変化から見るこれからのJava　7

1-1 Javaの変化 ………………………………………………………………………… 8

1-2 開発体制の変更と機能変更の概要 ………………………………………… 13

1-3 Java 9から14までの言語仕様や標準ライブラリの変更 ……………… 16

1-4 Javaの未来を作るプロジェクトProject Valhalla ……………………… 30

1-5 JVMの変更 …………………………………………………………………… 39

1-6 ツールの追加・変更 ……………………………………………………… 46

第2章 JDKに関する疑問と不安解消！ JDKディストリビューション徹底解説　51

2-1 JDKディストリビューション時代の到来 …………………………………… 52

2-2 OpenJDKとJDKディストリビューションの歴史 ……………………… 53

2-3 OpenJDKを開発しているのは誰か ……………………………………… 58

2-4 最新JDKディストリビューション大全 …………………………………… 65

2-5 JDKディストリビューションの選び方 …………………………………… 74

2-6 OpenJDKへの接し方 …………………………………………………… 82

第3章 Java EEからJakarta EEへ 新しいEnterprise Java　83

3-1 Jakarta EE Platformの概要 ……………………………………………… 84

3-2 Java EE/Jakarta EEのアーキテクチャ ………………………………… 94

3-3 Jakarta EE 8のおもな機能 ··· 98

3-4 Jakarta EEのこれから ··· 112

第4章 MicroProfileが拓く Javaのマイクロサービス

115

4-1 MicroProfileとは? ··· 116

4-2 MicroProfileによるマイクロサービス開発 ··· 119

第5章 ネイティブイメージ生成で注目！ Java も他言語も高パフォーマンスGraalVM

125

5-1 あらゆる言語を実行できるVM!? ··· 126

5-2 GraalVMを試してみよう ··· 127

5-3 GraalVM JITコンパイラとTruffle ··· 130

5-4 GraalVMの組み込みとネイティブイメージ ··· 135

5-5 GraalVMの適用事例 ··· 143

5-6 GraalVMが照らすJavaの未来 ··· 145

第6章 マイクロサービス、クラウド、コンテナ 対応 [新世代] 軽量フレームワーク入門

149

6-1 軽量フレームワークが続々登場している理由 ··· 150

6-2 軽量で多機能なフルスタックフレームワークMicronaut ·································· 158

6-3 クラウドネイティブな高速フレームワークQuarkus ······································· 169

6-4 Oracleによる軽量・シンプルなフレームワークHelidon ································ 178

索引 ··· 191

著者プロフィール

きしだ なおき Twitter：@kis（第1章：1-1 〜 1-3、1-5 〜 1-6）

LINE Fukuoka（株）勤務。九州芸術工科大学 芸術工学部 音響設計学科を満期退学後、フリーランスでの活動を経て、2015年からLINE Fukuoka所属。

吉田 真也（よしだ しんや） Twitter：@shinyafox、@bitter_fox（第1章：1-4）

LINE（株）にてメッセージングサービスのバックエンド、特にHBaseに関連したDevOpsに従事。OpenJDKコミッタ。OpenJDKのProject LambdaやProject Kulla（JShell）への貢献を行ってきたほか、勉強会などでJavaの新機能に関する登壇を行っている。

山田 貴裕（やまだ たかひろ） Twitter：@yamadamn（第2章）

CTCテクノロジー（株）勤務。マルチベンダーのJavaベースでのミドルウェア技術サポートを中心に担当。元Oracle ACE（Middleware）で現在は日本GlassFishユーザー会監事。最近OpenJDKソムリエなどと呼ばれる。

蓮沼 賢志（はすぬま けんじ） Twitter：@khasunuma（第3章、第4章）

日本GlassFishユーザー会共同代表。また、Payara Services Ltdのサービス・エンジニアとしてPayara Server/Payara Microのカスタマー・サポートおよびコミュニティ・サポート、Payara/Jakarta EE/MicroProfileのエバンジェリズムなどにも携わっている。

阪田 浩一（さかた こういち） Twitter：@jyukutyo（第5章）

Javaの技術とコミュニティを牽引する存在として、世界中から認定される「Javaチャンピオン」の1人であり、同様の理由で米Oracle社からOracle Groundbreaker Ambassadorにも任命されている。関西地域のJavaユーザグループ「関西Javaエンジニアの会（関ジャバ）」の発起人で、同グループの代表を10年以上続けた。Javaの中でも、JVMがとてつもなく好き。とにかくJVMに（詳しく）なりたいと思っている。著書に『SpringによるWebアプリケーションスーパーサンプル』『Seasar2によるWebアプリケーションスーパーサンプル』（ともにSBクリエイティブ）。

前多 賢太郎（まえだ けんたろう） Twitter：@kencharos（第6章）

LINE（株）のサーバーサイドエンジニアとして金融サービスの開発に携わる。最近の興味はマイクロサービスアーキテクチャ。

第1章

Java 9から14までに起こった変化から見るこれからのJava

Java 9から14までに、言語やAPIだけではなくリリースモデルを始めとした開発方針など、Javaのありかたにも関わるような変化が起こりました。本書では、それらの変化について分野ごとにまとめていますが、本章ではそれらの概要やJava自身の変化について解説して、全体の状況を見ていきます。

- **1-1** Javaの変化
- **1-2** 開発体制の変更と機能変更の概要
- **1-3** Java 9から14までの言語仕様や標準ライブラリの変更
- **1-4** Javaの未来を作るプロジェクト Project Valhalla
- **1-5** JVMの変更
- **1-6** ツールの追加・変更

1-1

Javaの変化

きしだ なおき　*KISHIDA Naoki*
https://nowokay.hatenablog.com/　Twitter：@kis

Javaのリリースモデルが変更されたことを始め、Javaに関する状況が大きく変わってきています。まずは、大枠の流れとJava自体の機能の変化についてまとめます。

機能基準のリリースから時間基準のリリースへの変更

2017年9月に、Oracleがリリースモデルの変更を発表しました[注1]。Java 9までは、導入する機能を決めて、その機能の開発が終わればリリースという流れになっていました。しかし、ラムダ式やモジュールシステムといった大型の変更は開発が遅れがちで、リリースが遅れた挙句に、その機能は次のリリースに持ち越しということが起こりました。そのようなことからJavaの進化は遅れがちで、また小規模な変更は入りにくくなっていました。

Java 9のリリース後からは、半年に一度、3月と9月にリリースを行い、まにあった機能を取り込むという方針に変更しました。そのことで、確実に定期的にリリースが行われ、また小規模な改善も入りやすくなり、Javaが正常に進化を始めたように思います。ただし、半年に一度リリースされるすべてのバージョンをメンテナンスし続けることはできないので、3年に一度、6バージョンごとにLTS（Long Term Support）が設定され、LTSは長期間サポートされています（**表1**）。

注1）https://orablogs-jp.blogspot.com/2017/09/faster-and-easier-use-and.html

Oracle JDK から OpenJDK へ

リリースモデルの変更とともに、Oracle JDKのライセンスの変更をOracleが発表しました。よって、Oracle JDKを実運用で利用するには有償サポートが必要になりました。実際には、Oracle JDKの機能はOpenJDKに提供されてオープンソース化が進んでおり、有償で提供されていた機能もOpenJDKでのオープンソース化が進んでいます。ただし、Oracleが「jdk.java.net」で提供するOpenJDKバイナリではLTSが提供されず、安全な運用には半年ごとのバージョンアップへの追従が必要となっていたため、現実的な運用にはOracle JDKへの有償ライセンスが必要と勘違いし「Javaが有償化される」という混乱が起こりました。

表1　バージョンごとのリリース日とLTS

バージョン	リリース日	LTS
Java 8	2014/3/18	○
Java 9	2017/9/21	
Java 10	2018/3/20	
Java 11	2018/9/25	○
Java 12	2019/3/19	
Java 13	2019/9/17	
Java 14	2020/3/17	
Java 17	2021/9	○

しかし、AdoptOpenJDKのようなコミュニティやAzulやAmazonなどの企業がOpenJDKビルドを提供することが発表され、実際にLTSであるJava 8やJava 11のメンテナンスが継続されると、その混乱は徐々に収まっていったように見えます。結局のところは、Oracle 1強によるJavaバイナリの提供から、コミュニティによるディストリビューションの形での提供へと移行が行われたといえます。リリースモデルの変更やOpenJDKのディストリビューションに関しては、第2章で解説します。

Java EEからJakarta EE、MicroProfile

企業向けJavaの世界も、Oracle中心の開発からコミュニティ中心の開発に向けて変化が起きました。2009年にリリースされたJava EE 6から2013年にJava EE 7がリリースされるまでの4年、そして2016年時点でもJava EE 8のリリースは見通せない状況でした。クラウドが急速に広まる中でJava EEの開発は停滞していました。このような状況のなか、Javaがクラウドの世界から取り残されるという危機感を持った技術者たちがJava EEガーディアンズ[注2]を結成し、Oracleに対してJava EE開発の促進を求めました。

そして、Java EEガーディアンズに触発されたメンバーによって、マイクロサービスに適した仕様としてMicroProfile[注3]が制定されます。その後、Java EEはOracleの元を離れ、2018年にEclipse財団のもとでJakarta EE[注4]として、コ

ミュニティを中心とした開発へと移行しました。このMicroProfileの制定やJakarta EEへの移行、それらの機能の詳細については、第3章で解説します。

GraalVM

GraalVMはもともとデータベースのクエリで、JavaScriptやRubyなどの言語を動かせるような多言語環境として、Oracleが開発を始めました。技術のベースとしては、JavaバイトコードからネイティブコードへのコンパイラであるGraalです。GraalはJavaで書かれています。GraalはJavaのC2 JITコンパイラを置き換えるために開発が始まりましたが、これをJavaのバイトコードだけではなく、JavaScriptやRubyのような動的型付言語の最適化にも利用できるようにして、さまざまな言語が高性能に動く実行環境としてまとめられたのがGraalVMです。

また、GraalVMでは、Graalコンパイラを実行時ではなくビルド時に適用させてネイティブバイナリを生成する、native imageの機能を持っています。このnative imageの機能がマイクロサービスやサーバレスで求められる高速起動や低フットプリントといった需要に非常に適していることから、大きな注目を集めています。GraalVMについては、第5章で解説します。

軽量フレームワークの出現

Javaのサーバサイドでは、TomcatやPayaraなどのアプリケーションサーバを起動して、アプリケーションをデプロイするというしくみになっ

注2) https://javaee-guardians.io/
注3) https://microprofile.io/
注4) https://jakarta.ee/

ていました。アプリケーションサーバは、複数の
アプリケーションがデプロイされる前提になって
います。ただ、現在においては、ひとつのアプリ
ケーションサーバには、ひとつのアプリケーショ
ンだけがデプロイされることが当たり前となって
います。そのため、Spring Frameworkのように、
アプリケーションの起動中にTomcatなどを起
動して内部的にアプリケーションを配備するとい
うことが行われるようになりました。そのようにな
ると、Java EEの持つデプロイのしくみは単に起
動時間を長くし、メモリを余分に食うだけの無駄
なしくみとなります。Java EEに対して軽量フ
レームワークを目指したSpring Frameworkで
も、時代の流れとともに使わない機能も増え、冗
長になってきています。当初は、アプリケーショ
ンサーバは起動して動かしてしまうと、頻繁に起
動し直すものでもなかったため、起動時間につい
ては問題になりませんでした。しかし現在では、
マイクロサービスが基本的な構成となり、リクエ
スト負荷にあわせてサーバを増減することが当
たり前になってきています。アプリケーション
サーバは、コンテナとして1台の物理サーバの上
で多数が動くことになります。その中では、起動
時間が短いことやメモリフットプリントが小さい
ことが求められるようになってきました。そこで、
このような需要に対応する軽量フレームワーク
がHelidon[5]、Micronaut[6]、Quarkus[7]と同時期
に立て続けに発表されました。これらは、次のよ
うな共通の特徴や目的とする用途があります。

- Nettyベース
- リアクティブ
- マイクロサービス・サーバレス
- コンテナ・Kubernetes
- GraalVMネイティブイメージ

これらへの対応が、現在のフレームワークには
求められているといえます。どのフレームワーク
のサイトも.ioドメインというのもおもしろいです
ね。このような軽量フレームワークについては第
6章で解説を行います。

進む開発プロジェクト

Java自身の機能強化としてもProject Amber、
Project Panama、Project Loom、Project
Valhallaという4つの大きなプロジェクトが走っ
ています。これらのプロジェクトがすべて完成し
て取り込まれれば、Javaがまた新しい形に生ま
れ変わります。ここで、それぞれのプロジェクト
について簡単に解説します。

Project Amber

Project Amber[8]は、Javaの言語機能を強化
するプロジェクトです。すでにローカル変数型推
論のvarは正式機能として導入されており、テキ
ストブロックやSwitch式、パターンマッチングな
どの言語機能が開発中ですが、これらも多くが
Java 14にプレビューとして搭載され、残りの機
能もJava 15以降で順次乗ってきそうです。本章
の1-3で解説を行っています。

注5) https://helidon.io/
注6) https://micronaut.io/
注7) https://quarkus.io/

注8) https://openjdk.java.net/projects/amber/

Project Panama

Project Panama[注9]はJavaとネイティブを橋渡しするプロジェクトです。プロジェクト名は太平洋と大西洋を結ぶパナマ運河に由来しています。ネイティブ関数呼び出し、ネイティブメモリアクセス、SIMD命令の利用といった機能が開発されています。ネイティブ関数呼び出しは、JavaにはJNI（Java Native Interface）が用意されていますが、これはCのコードを書く必要があるなど開発が煩雑で、またパフォーマンスもよくありませんでした。それに変わるしくみがJNR（Java Native Runtime）として開発中です。ネイティブメモリアクセスとSIMD命令の利用については、本章の1-3で簡単に解説します。

Project Loom

Project Loom[注10]は、Javaにアプリケーション管理のスレッドを導入するプロジェクトです。Loomは織り機を表す英語で、スレッドが縫い糸を表すことが由来です。Project Loomでは、FibersというJVMが管理する並列処理のしくみを提供します。自然な記述でCPUやメモリの効率の良い並行処理を書くことができるようになるのです。本章の1-3で簡単に説明します。

Project Valhalla

Project Valhalla[注11]は、値型（Value Type）を導入することを目的として始まったプロジェクトです。「Value Type」の「Val」と戦士の楽園を

意味する「Valhalla」の「Val」をかけているのではないかと言われています。Javaでは、基本型の配列にはデータが連続して配置されますが、オブジェクトの配列を用意すると、配列にはそれぞれのオブジェクトの参照だけが連続して格納され、オブジェクトの本体はバラバラの位置に格納されます。

現在のCPUの構造では、一連の処理で扱うデータは一ヵ所に固まって配置されるほうが性能として有利になります。Javaの基本型の配列であれば、値はまとまって配置されますが、オブジェクトの配列では扱うデータがバラバラに配置されるのでCPUの性能が活かせません。そのような問題に対応するために、クラスのように定義して基本型のように使えるValue Typeを導入しようということになりました。

またそうすると、ListのようなコレクションでValue Typeの値を使える必要もありますが、Value Typeも基本型と同様に参照を持たないため、既存のListのしくみが使えません。つまり、現在のGenericsに対応していないということです。そこで、GenericsもValue Typeにあわせて拡張する必要があります。

わかりやすく言えば、List<int>のように、Genericsに基本型を指定できるようにする必要があるということです。これが実現すればIntegerなどのラッパークラスを使う必要もなくなり、StreamとIntStreamやOptionalとOptionalIntのようにオブジェクト用と基本型用にクラスを用意する必要もなくなり、格段に向上すると思われ、これまでと比べれば楽園のようになります。

しかしながら、これらを導入するためには言語

注9）https://openjdk.java.net/projects/panama/
注10）https://openjdk.java.net/projects/loom
注11）https://wiki.openjdk.java.net/display/valhalla/

仕様やライブラリ、JVMを改良するだけではなく、Javaのバイトコードも大きく変更する必要があります。現在は、「L-World」というコンセプトで、Value TypeをInline Typeと定義し直したプロトタイプが開発中です。LW2が発表されていますが、LW100くらいまでいけばリリースというようにも言われていて、仕様が落ち着いてリリースされるまでには、まだまだ時間がかかりそうです。Project Valhallaについては、本章の1-3で詳しく解説しています。

本書でのバージョン表記について

たとえば、ラムダ式が導入されたJavaのバージョンについて、Java SE 8やJava 8、JDK 8などの表記があります。正式な表記としてはJava SE 8ということになると思いますが、SE（Standard Edition）と組になるEE（Enterprise Edition）やME（Micro Edition）について、

バージョン9以降はリリースされていません。その上、Java EEはJakarta EEに移行しましたし、Java MEはJava 9でモジュールが導入され、最小の実行環境を構築できるようになったことから大きな役目を終えたようにみえます。そのため、SEをつけてほかのエディションと区別することには、あまり意味がなくなってしまいました。

そこで本書では、基本的にはJava 8、Java 11といった「Java n」という表記でJavaのバージョンを表します。またJDKはJava Development Kitの略で、非常にざっくり言えば「tar.gz」や「zip」などで配布される開発環境パッケージのことを表します。ディストリビューションの話題など配布パッケージの話が中心となる場合には、JDK 8やJDK 12といった表記を使うことがあります。仕様の名前としてはJava SE 11などの表記が正式ですので、仕様の話が中心になるような場合にはJava SE 11 APIという表記も使います。

1-2 開発体制の変更と機能変更の概要

きしだ なおき KISHIDA Naoki
https://nowokay.hatenablog.com/ Twitter：@kis

リリースモデルの変更やOpenJDK中心の開発のほかにも、Javaの開発体制は新しい時代に対応するよう変更されています。ここでは、開発体制の変更とJavaの各バージョンの機能変更についてまとめます。

JSRからJEPへ

Java 8までの機能は、主にJSR（Java Specification Request）として、JCP（Java Community Process）という委員会により定義されていました。たとえば、ラムダ式はJSR 335です[注1]。

Java 9以降では、Javaの機能はJEP（Java Enhancement Request）として定義されています。JEPはJSRに比べて、より軽量なプロセスで決定されています。JSRではJCPでの投票によって採決が決まりましたが、JEPではメーリングリストなどでの議論によって決まるようです。また、JSRでは仕様が決まってから実装を完成させていくという方向になっていましたが、現在のOpenJDKの開発では、まず実装を行い、動作をみながら議論して仕様が安定したらJEPが作られるという順になっています[注2]。

試用機能の導入

言語仕様としてはSwitch式やテキストブロックなどのPreview、ライブラリとしてはHTTPク

表1 試用名と用途

試用名	用途
Preview	言語機能
Incubator[注3]	APIやツール
Experimental	GCなどJVM上の機能

ライアントなどのIncubator、そしてGCなどJVMの機能としてはExperimentalが用意されています（**表1**）。今までは開発中の機能を試すには、プロジェクトごとに提供されているビルドを使うか、自分でビルドする必要があり、限られた人しか使いませんでした。しかし、JDKの一部に正式に含まれることで、多くの人が試すということが期待されています。

このように、多くの人が試せるようにする目的は、新しい機能についてのフィードバックを開発チームが得られるようにするためです。フィードバックはメーリングリストに投稿するのが一番よいですが、日本語でTwitterやブログに意見を書くことでも改善のきっかけになり得ると思います。ぜひ新しい機能を試してフィードバックを行ってみてください。

言語機能については、2回のPreviewを経てフィードバックを蓄積して標準化されるという流れが主流になりそうです。また、言語機能変更に

注1）https://jcp.org/en/jsr/detail?id=335
注2）http://openjdk.java.net/jeps/0
注3）http://openjdk.java.net/jeps/11

伴うAPIの拡張は、Previewの間はdeprecatedとして導入されるようになっています。

MercurialからGitへ

現在のOpenJDKは、Mercurialでバージョン管理が行われていますが、サーバからリポジトリを取得するためのcloneが非常に遅いことが問題になっています。MercurialはGitとほぼ同時に開発が始まった分散バージョン管理システムですが、状況としてはGitに完全に軍配が上がっています。このような背景からもバージョン管理の移行が決まりました（JEP 357）。同時に、現在はメーリングリストとWebRevというレビューツールで行われているコードレビューをGitHub[注4]のプルリクエストベースに移行することも予定されています（JEP 369）。

Java 9からJava 14までの概要

ここで、執筆時点ですでにリリースされているJava 9からJava 13までと、機能が確定しているJava 14について、簡単におおまかな変更点を見ていきます。

Java 9（2017年9月リリース）

Java 9での大きな変更はモジュールシステムの導入です。ただ、リリースから2年経った今でも、アプリケーションの開発でモジュールシステムを意識する場面は多くありません。アプリケーションをモジュール化する際にモジュールシステムを使ったり、外部ライブラリをモジュールと

して利用することはほとんどありません。MavenやGradleのサブプロジェクトを利用し、JARファイルをプロジェクトのDependencyとして登録する使い方がほとんどです。

しかし、モジュールシステムが無駄だったというわけではなく、Java自体をモジュール化することによって、リリースモデルの変更や機能の独立した開発に貢献しています。また、必要なモジュールだけを含めた小さなJavaランタイムを作ることも可能になっています。

モジュールシステム以外の機能としては、JShellの搭載によって、Javaの機能を試すことが非常に楽になりました。

Java 10（2018年3月リリース）

リリースモデルが変更されてから最初のリリースとなるJava 10では、その機能改善よりも新しいリリースモデルが実行されたということが大きな意味を持ったように思います。機能としては、ローカル変数型推論が大きいでしょう。また、アプリケーションのクラスデータを使い回すことで起動を速めることができるようになりました。

Java 11（2018年9月リリース）

Java 11は、最初のLTSであるということが大きいです。Java 11のリリースによって、OracleJDKからOpenJDKへ移行したあとの、Javaの使い方の模索が本格的に始まったと言えます。機能としては、単一ファイルのJavaソースファイルを、**java**コマンドでコンパイルなしに実行できるようになったのが非常に便利です。APIでは、Java 9でIncubatorモジュールとして導入されたHTTP Client APIが正式機能になりました。

JVMの機能としては、巨大なメモリを扱えるガベージコレクタZGCがExperimentalとして導入されました。JVMのプロファイルを行うFlight RecorderもOpenJDKから使えるようになりました。

Java 12 (2019年3月リリース)

Java 12では、`switch`ステートメントを式としても利用できる、Switch式がプレビュー機能として入りました。また、システムクラスのクラスデータ共有が自動で行われるようになり、特別な起動オプションを指定しなくても起動が速くなっています。巨大メモリを扱うガベージコレクタとしてShenandoahもExperimentalとして追加されました。

Java 13 (2019年9月リリース)

Java 13では、複数行の文字列を定義できるテキストブロックがプレビュー機能として入っています。

また、Java 12で入ったSwitch式も少し仕様が変わりました。これはプレビュー機能だからこそできる仕様変更で、今までは一度導入された言語仕様の変更は不可能に近いものでしたが、プレビュー機能だからこそ多くの人が使いフィードバックを得て改善ができたのだといえます。

Java 14 (2020年3月リリース予定)

Java 14は執筆時点（2020年1月）ではまだリリースされていませんが、機能は確定しており、Java 9以来の派手な変更の多いリリースになりそうです。

言語機能としては、いくつか大きな変更が行われます。まず、レコード型がプレビュー機能として入ります。これはデータ型を定義する機能で、定型コードを減らせることが期待されます。`instanceof`を使った簡単なパターンマッチングもプレビュー機能として導入されます。Java 14でのパターンマッチングはあまり使いどころが多くありませんが、今後はレコード型と組み合わせた強力な機能になる予定です。Java 13でプレビュー機能として入ったテキストブロックは改行の処理などについて、仕様変更が入ってもう一度プレビューが行われます。

また、Java 12でプレビュー機能として導入されたSwitch式は標準機能になる予定です。APIでは、ネイティブメモリを扱うForeign Memory Access APIがIncubatorモジュールとして導入されます。JVMでは、Concurrent Mark Sweep（CMS）GCが削除されます。また、ZGCがWindowsとmacOSに対応します。ツールでは、Javaアプリケーションのインストーラを作成するjpackageが含まれます。

1-3

Java 9から14までの
言語仕様や標準ライブラリの変更

きしだ なおき　*KISHIDA Naoki*
https://nowokay.hatenablog.com/　Twitter : @kis

新しいバージョンのJavaを使ってプログラムを組む際に直接影響を与えるのは、言語仕様や標準ライブラリの変更です。ここでは言語仕様や標準ライブラリの変更について機能ごとにまとめます。

ローカル変数型推論

ラムダ式以降にLTSであるJava 11までに入った一番大きな言語変更は、Java 10で導入されたローカル変数型推論です。キーワードvarを使うことで、ローカル変数の型を記述する必要がなくなります。たとえば、**リスト1**のようなコードがあるとします。

リスト1のようなコードは、**var**を使うと**リスト2**のようになります。

リスト3のように、**null**は型が決まらないので、varは使えません。

そして、ローカル変数に対する型推論ですので、**リスト4**のようなフィールドへの型推論は行えません。

小さな変更

Java 9では、小さな言語仕様変更がいくつか入っています。

匿名クラスでのダイヤモンド型推論

地味にうれしいのが、匿名クラスに対してダイヤモンド型推論が使えるようになったことです。**HashMap**などを用意するのと同時に値の初期化を行いたいとき、匿名クラスのスタティックイニシャライザを使って、**リスト5**のような書き方をし

リスト1　varを使用する前

```
Path p = Path.of("data.csv");
try (Stream<String> strs = Files.lines()) {
  for (String data : strs.split(",")) {
      System.out.println(data);
  }
}
```

リスト2　varを使用

```
var p = Path.of("data.csv");
try (var strs = Files.lines()) {
  for (var data : strs.split(",")) {
      System.out.println(data);
  }
}
```

リスト3　nullは型推論できない

```
var n = null;
```

リスト4　フィールドでの型推論はできない

```
class Foo {
    var message = "こんにちは";
}
```

リスト5　匿名クラスでのダイヤモンド型推論の利用

```
Map<String, String> params = new HashMap<>()
{{
    put("a", "apple");
    put("b", "banana");
}};
```

たいことがありました。

今までは、ここでダイヤモンド型推論は使えなかったのですが、Java 9からは書けるようになっています。ただ、Java 9からはコレクションの初期化用メソッドが用意されているので、値を設定したMapを用意したいときには**リスト6**のように書けます。

try-with-resourcesでの変数代入

Java 7でtry-with-resources構文が導入され、確実にcloseする処理が書きやすくなりましたが、リソースをcatch句の中などtry句の外で使いたい場合は、ほかの変数を用意する必要がありました（**リスト7**）。

Java 9では、try句のリソース指定部に変数だけを記述できるようになったので、**余分な変数は不要**です（**リスト8**）。

インターフェースでのprivateメソッド

Java 9では、インターフェースに**private**メソッドを定義できるようになりました。**static**メソッドに関しては、Java 8でもpackage privateや**public**メソッドであれば持つことができましたが、**private**指定はできませんでした。Java 9からは**static**メソッドに**private**指定することはもちろん、インスタンスメソッドも**private**指定であれば定義できるようになっています。**private**インスタンスメソッドは、Java 8から導入された**default**メソッドから利用することが想定されています。

「_」の変数としての利用禁止

Java 9からは、_（アンダースコア）が1文字だ

リスト6　Java 9の初期化用メソッドの利用

```
Map<String, String> params = Map.of(
    "a", "apple",
    "b", "banana");
```

リスト7　Java 7で記述

```
LineNumberReader lnr =
        new LineNumberReader(bur);
try (LineNumberReader lnr2 = lnr) {
    System.out.println(lnr.readLine());
} catch (IOException ex ) {
    System.out.printf(
        "error %s after line %d%n",
        ex, lnr.getLineNumber());
}
```

リスト8　Java 9で記述

```
LineNumberReader lnr =
        new LineNumberReader(bur);
try (lnr) {
    System.out.println(lnr.readLine());
} catch (IOException ex ) {
    System.out.printf(
        "error %s after line %d%n",
        ex, lnr.getLineNumber());
}
```

けの変数を定義できなくなっています。これは、catch句やラムダ式などで構文上、必要であるけど使わない変数を指定するための準備です。執筆時点では、_を有効利用するような構文変更は議論されていないようです。あとで挙げるパターンマッチングなど大きな仕様変更が落ち着いたら、検討されていくのではないかと思います。

Switch式

Java 12では、プレビュー機能としてSwitch式が導入されました。Java 12ではJEP 325として導入されましたが、Java 13では改善が加えられてJEP 354になっています。そして、JEP 361としてJava 14で正式機能になる予定です。

Switch文の利用方法として、どの**case**でも同

じ変数に値を割り当てたり、どの**case**でも**return**で値を返すということが多くありました。そのような利用方法の場合、式として**switch**を記述できれば変数や**return**を一度だけ書くことができ、変数間違いや**return**抜けなどをなくすことができます。

また、仕様としては「Switch式」としてまとまっていますが、switch文としても便利な仕様変更が行われています。

まず、既存のswitch文で**リスト9**のような処理を書くとします。

Java 12で拡張された構文では、case句に複数の値を指定できるようになっています。そのため、複数の**case**を書く必要がなくなりました（**リスト10**）。

case句では、値のあとに**:**の代わりに**->**を使うことでbreak文が不要になります（**リスト11**）。

複数行の処理を書きたい場合は**{～}**で囲ってブロックにします。ただし、**:**と**->**をひとつの**switch**に混在させることはできません。そして、式として**switch**を利用する場合は、**->**の場合は、そのまま値を書きます（**リスト12**）。末尾にセミコロンが必要になることに、注意してください。

{～}で囲ってブロックにした場合や、**:**での**case**を使う場合に、値を返すときは**yield**を使います（**リスト13**）。これはJava 12の時点では**break**を使っていましたが、ラベル付き**break**との区別が付きにくいことから、Java 13では**yield**に変更になっています。

プレビュー機能ですので、**javac**コマンドや**java**コマンド、**jshell**コマンドなどには**--enable-preview**オプションを付ける必要があります。また**javac**コマンドや**java**コマンドには**--source　12**などバージョン指定も付ける必要があります。

リスト9　既存のswitch文での処理

```
switch (weekday) {
    case MONDAY:
    case WEDNESDAY:
        System.out.println("午前");
        break;
    case TUESDAY:
    case FRIDAY:
        System.out.println("午後");
        break;
    default:
        System.out.println("休業");
}
```

リスト10　caseをまとめられるようになった

```
switch (weekday) {
    case MONDAY, WEDNESDAY:
        System.out.println("午前");
        break;
    case TUESDAY, FRIDAY:
        System.out.println("午後");
        break;
    default:
        System.out.println("休業");
}
```

リスト11　:の代わりに->の使用

```
switch (weekday) {
    case MONDAY, WEDNESDAY ->
        System.out.println("午前");
    case TUESDAY, FRIDAY ->
        System.out.println("午後");
    default -> System.out.println("休業");
}
```

リスト12　式として利用

```
var str = switch (weekday) {
    case MONDAY, WEDNESDAY -> "午前";
    case TUESDAY, FRIDAY -> "午後";
    default -> "休業";
};
```

リスト13　caseで値を返すときはyieldを使用

```
var str = switch (weekday) {
    case MONDAY, WEDNESDAY:
        yield "午前";
    case TUESDAY, FRIDAY:
        yield "午後";
    default:
        yield "休業";
};
```

テキストブロック

テキストブロック（Text Blocks）は、**複数行の文字列**です（**リスト14**）。Java 13からJEP 355として導入されています。これもプレビュー機能です。Java 12でもいったんは複数行の文字列がJEP 326として検討されていましたが、｀（バッククオート）を使う仕様であったため、残り少ない未使用記号を消費してしまうことや、インデントの扱いに検討の余地があったことなどから見送られました。

テキストブロックでは、`"""`（ダブルクオート3つ）で囲んだ範囲をテキストブロックとします。

これは、**リスト15**のような文字列定義と等価です。改行コードはコンパイル環境の設定に関わらず、LF（\n）になります。コンパイル結果は、通常の文字列リテラルを使った場合と同等です。

テキストブロックは、`"""`の次の行からとなります。また、インデントは`"""`を含め、一番浅い位置にあわせられます。**リスト16**は`"　これは\n複数行\n"`のように`"""`を基準にスペースがふたつ入ります。テキストブロックでは、`"`はエスケープする必要がありません。

リスト17は`"これは\"メッセージ\"です\n"`と等価になります。ただし、文字列中で`"`が3つ以上並ぶときは、`"`が3つ以上の連続にならないようにエスケープが必要です。

行末の空白は無視されます。もし行末に空白を含めたい場合は\sを使います。**リスト18**では「列」のあとにひとつ空白が入ります。

また、一行が非常に長い文字列を扱う場合、これまでは+演算子で文字列を連結しながら、**リスト19**のように改行をしていましたが、Java 14でのテキストブロックでは改行をエスケープできるようになります。

改行をエスケープするには、行末に\を入れます（**リスト20**）。

テキストブロックの途中に値を埋め込む場合

リスト14 テキストブロックの複数行の文字列

```
var str = """
          これは
          複数行です
          """;
```

リスト15 文字列定義

```
var str = "これは\n複数行です\n";
```

リスト16 テキストブロック内での字下げ

```
var str = """
            これは
            複数行
          """
```

リスト17 `"これは\"メッセージ\"です\n"`と等価になる

```
var str = """
          これは"メッセージ"です
          """;
```

リスト18 行末にスペースがある文字列の定義

```
var str = """
          行末にスペースのある文字列\s
          """;
```

リスト19 +演算子で文字列を連結しながら改行

```
var str = "Lorem ipsum dolor sit" +
          " amet, consectetur ad" +
          "ipiscing elit, sed do";
```

リスト20 改行をエスケープする

```
var str = """
          Lorem ipsum dolor sit\
           amet, consectetur ad\
          ipiscing elit, sed do""";
```

に、+演算子による文字列連結はお勧めできません。最初の`"""`のあとに文字列を続けることができないことから、求める文字列の形でソースコードを記述しにくくなるからです。代わりに、Java 13から導入された`formatted`メソッドを利用するのが便利です（リスト21）。

`formatted`メソッドは`String.format`と同じ動きですが、インスタンスメソッドになったことからテキストブロックの前に`String.format`と記述する必要がなくレイアウトが崩れにくくなり

リスト21 formattedメソッドを利用

```
var str = """
            こんにちは、%sさん！
         """.formatted(name);
```

リスト22 レコード型を定義

```
record Point(int x, int y) {}
```

リスト23 レコード型と等価なクラス

```
final class Point extends Record {
    final int x;
    final int y;
    Point(int x, int y) {
        this.x = x;
        this.y = y;
    }
    // getX()ではなくx()
    int x() {
        return x;
    }
    int y() {
        return y;
    }
    // toString, hashCode, equalsの実装
    ...
}
```

リスト24 レコード型のコンストラクタを拡張

```
record Range(int hi, int lo) {
    Range {
        if (hi < lo) {
            throw new RuntimeException(
                "%d, %d".formatted(hi, lo));
        }
    }
}
```

ます。テキストブロックもSwitch式と同様に、Java 13やJava 14では「--enable-preview」を付ける必要があります。

レコード型

Java 14では、データクラスとしてレコード型が導入されます。これまで値を格納するだけのデータ型を作ろうと思っても、コンストラクタや`equals`メソッドなどを実装する必要があり、コードが煩雑になるかIDEやlombokなど外部ツールでの自動生成に頼る必要がありました。

レコード型を使うと、**値を格納するデータ型を簡単に定義できる**ようになります。リスト22のようにしてレコード型を定義します。

これは、**リスト23**のようなクラスとほとんど同じです。Recordクラスのパッケージは`java.lang`になりますが、実際にはアプリケーションコードでRecordクラスを継承するとコンパイルエラーになります。

レコード型は値を持ちます。これらの値を**コンポーネント**と呼び、`final`フィールドになります。つまり、値は変更できず、immutableになります。また、コンポーネントへのアクセスは、コンポーネント名と同じ名前のメソッドでの読み取りだけになります。`hashCode`や`equals`は、同じ型でコンポーネントがすべて同じ値を持つときに同じ値のレコード型とみなされるように定義されています。`toString`は、すべてのコンポーネントの値をコンポーネント名とともに表示します。初期化時に値をチェックしたいときは、**リスト24**のようにコンストラクタを拡張します。

シールド型

シールド型（Sealed Types）は、**クラスを継承したり、インターフェースを実装するクラスを限定させたりすることができるしくみ**です。リスト25のようにすると、**Result**インターフェースは**Success**型か**Failure**型からしか継承・実装できなくなります。どのようなときに役立つかという話ですが、Pattern Matching for switchで、すべての型を判定しているかどうかが保証できるようになります。

リスト26のようにしたときに、**Success**と**Failure**だけですべてのパターンが出揃っていることがわかり、default句が不要になります。

ところで、シールド型ではないことを示すために**non-sealed**というハイフン入りキーワードも導入されています。Java言語にキーワードを新しく導入するときに、すでに変数名として使われていたりするものだとコンパイルができなくなるので、慎重にキーワードを選ぶ必要があります。一時期、Switch式の仕様として提案されていた

「break-with」のように、片方がすでにキーワードになっている単語と組み合わせれば、比較的自由にキーワードを拡張できます。今後は、「package-private」や「non-null」などのキーワードが導入されるかもしれません。ただ**non-sealed**についてはクラス宣言部のみで使えるローカルキーワードなので、既存のキーワードを含んでいません。

パターンマッチング

パターンマッチングは、**データ構造の判定と分解を行うための言語機能**です。Javaでは、3段階で導入されそうです。

まず、Java 14でif文や条件演算子での**instanceof**を使った型判定時に、同時に変数に割り当てができる機能がプレビュー機能として導入されます。**instanceof**での型判定では、そのあとでキャストを行って目的の型としての動作を行うという冗長な記述が必要でした（**リスト27**）。

パターンマッチングによって、**リスト28**のように型判定と同時に変数への割り当てが行われるようになり、記述が簡潔になります。

次の段階としてswitch式でのパターンマッチングの利用が可能になります（**リスト29**）。

リスト25　インターフェースを実装するクラスを限定

```
sealed interface Result
  permit Success, Failure {}
```

リスト26　シールド型によってdefault句が不要になる

```
Result r = proc();
var message = switch (r) {
    case Success s -> "成功";
    case Failure f -> "エラー";
}
```

リスト27　instanceofを使った型判定

```
if (o instanceof String) {
    String s = (String)o;
    println("長さ:" + s.length());
}
```

リスト28　instanceofによるパターンマッチング

```
if (o instanceof String s) {
    println("長さ:" + s.length());
}
```

リスト29　switch式でのパターンマッチング

```
result = switch(ast) {
    case ASTAdd add -> add.left + add.right;
    case ASTSub sub -> sub.left + sub.right;
    case ASTMinus minus -> -minus.value;
    ...
}
```

リスト30　パターンマッチングでレコード型に含まれる値を取り出す

```
result = switch(ast) {
    case ASTAdd(var left, var right) ->
        left + right;
    case ASTSub(var left, var right) ->
        left + right;
    case ASTMinus(0) -> 0;
    case ASTMinus(var value) -> -value;
    ...
}
```

リスト31　簡潔にメソッドを記述

```
int foo(int x) -> x * 2;
```

リスト32　メソッド参照の利用

```
String base = "<>";
String repeat(int n) -> base::repeat;
```

リスト33　ローカルメソッドの定義

```
foo (int a) {
    bar (int b) {
        return a * b;
    }
    return bar(3) + bar(4);
}
```

リスト34　ローカルメソッドを簡単なメソッド定義で記述

```
foo (int a) {
    bar (int b) -> a * b;
    return bar(3) + bar(4);
}
```

　ただ、このようにキャストが省略できる程度では、限られた用途でしか使えません。最後に導入されるデコンストラクション（分解）を使えば、利用範囲が広がります。デコンストラクションは、レコード型の内容まで解析できるパターンマッチングで、2回目のプレビューに入る予定です（**リスト30**）。

そのほかに準備中の言語機能

　Project Amberのリポジトリ[注1]のブランチを見ていると、まだ発表されていない機能がいくつか見つかります。その中から、メソッド定義に関するものを紹介します。

簡潔なメソッド定義

　SetterやGetterなどの処理が非常に単純なメソッドでは、中括弧に一行を割り当てるのがもったいないと思うことがあります。かといって中括弧を含めて一行でメソッドを定義するのも行儀悪い気持ちになります。

　そこで、メソッド定義にラムダ式のように簡潔

に記述できるようにする機能が実装中です。

　リスト31のようにすると、簡潔にメソッドを記述できます。

　リスト32のようにすると、メソッド参照も利用できます。

ローカルメソッド

　あるメソッドの中でだけ複数回でてくる計算式など、共通化したいけどメソッドの外に出すほどでもないような処理を共通化した場合に、メソッド内メソッドを定義したくなります。

　ローカルメソッドは、そのようなときリスト33のようにメソッドの中にメソッドが定義できるようにする機能です。

　多くの場合は、簡単なメソッドを定義することが多いでしょうから、簡潔なメソッド定義と組み合わせるともっと見やすい形になります（**リスト34**）。ローカルメソッドで外部のローカル変数を使う場合は、実質的ファイナルである必要があります。

注1）https://github.com/openjdk/amber

標準ライブラリの変更

ここでは、Java 9から14での標準ライブラリについての変更を、よく使いそうなものについて挙げていきます。

String

Javaの標準ライブラリで最も出番が多いもののひとつがStringです。**String**クラスにもいくつかのメソッドが追加されていますが、Stringでの文字列の扱い方も変わっているので、ここで紹介します。メソッドでは、**repeat**メソッドが追加されて、文字列の繰り返しの生成がやりやすくなりました。**リスト35**では**test**が3回繰り返されて**testtesttest**が生成されます。

また、**lines**メソッドが追加されて、改行ごとのStream処理ができるようになりました。**リスト36**では文字列から空行を飛ばして出力を行っています。ここで使っている**not**メソッドは**Predict**インターフェースに用意された条件の反転を行うメソッドで、25ページで改めて紹介します。

■Compact String

Stringについて、一番大きな変化はCompact Stringです。Java 8までは、文字列はchar型で格納されていました。char型はUTF16を扱う16ビットの型です。つまり、Java 8までは1文字につき、2バイトを必要としていました。

しかし、プログラム中で多く使われるASCIIキャラクタでは実際は1バイトしか必要としないので、半分のメモリが無駄になります。そこで、Java 9からは、すべての文字が1バイトだけで格

リスト35 testtesttestが生成される

```java
var str = "test".repeat(3);
```

リスト36 改行ごとにStreamで処理する

```java
str.lines()
    .filter(not(String::empty))
    .forEach(System.out::println);
```

納できる文字列の場合は各文字1バイトで、漢字などが混ざった文字列の場合は各文字2バイトで従来通り格納するようになっています。文字列は、プログラム中で多くのメモリを利用しているデータですので、メモリ利用量が削減されます。

■文字列連結

+演算子での文字列の連結は、Java 5からJava 8ではコンパイル時に**StringBuilder**の**append**メソッドに展開されます。

Java 4までは**StringBuffer**クラスに展開されていましたが、パフォーマンス改善のためにJava 5から変更されています。しかし、Java 4までにコンパイルされたコードは、Java 5で動かしても**StringBuffer**を使って文字列の連結が行われて、パフォーマンスは改善されませんでした。

Java 9からは、Invoke Dynamicという、実行時に実装を解決するしくみを使うように**+**演算子がコンパイルされるようになりました。そうすることで、今後よりよい文字列連結の実装が行われたときには、Java 9でコンパイルされた**+**演算子のコードも新しい実装で実行されるようになります。

Java 9の時点では、連結後に必要になる領域の長さをあらかじめ計算して文字列を格納して

いくという、**StringBuilder**を使うよりも効率の
いい処理になっています。

Collection

Java 9では、値を保持した**List**や**Map**などの
コレクションを用意するのが簡単になりました。
それぞれに**of**メソッドが用意されて、値を持っ
たコレクションを生成できるようになります（**リス
ト37**）。

Mapでは、**ofEntry**メソッドと**entry**メソッドが
用意されているので、**リスト38**のようにも書けま
す。このとき返されるコレクションは、追加や変
更などができないイミュータブルなコレクション
になります。

小さな変更としては、**List**や**Set**を配列に変
換する**toArray**メソッドの改善です。

今までは**リスト39**のようにサイズを指定する
か、**リスト40**のように仮として長さ0の配列を渡
すかを行っていました。

サイズを指定する方法は、記述として冗長で
す。また、メソッドの戻り値を直接配列に変換す

リスト37　値を持ったコレクションを生成

```
List<String> strs = List.of(
    "Apple", "Banana");
Map<String, Integer> prices = Map.of(
    "Apple", 300,
    "Banana", 180);
```

リスト38　entryを使ったMapの生成

```
Map<String, Integer> prices = Map.ofEntries(
    Map.entry("Apple", 300),
    Map.entry("Banana", 180));
```

リスト39　サイズを指定する

```
String[] s = strs.toArray(
    new String[strs.size()]);
```

る場合には向きません。

長さ0の配列を渡す場合は、渡した配列は使わ
れず内部で新たに配列が生成されるので、配列
が無駄になります。そこで**リスト41**のように配列
のコンストラクタをメソッド参照として渡すこと
で、冗長な記述や無駄なオブジェクトを生成する
ことなく配列への変換ができるようになりまし
た。

Stream

Streamも少し使いやすくなっています。
Streamの件数を制限するものは、Java 8では
skipメソッドと**limit**メソッドが用意されてお
り、処理を開始するまでの件数と処理をする件数
が指定できました。

しかし、実際には処理をする件数がわかってい
ることは少なく、条件が満たされているデータだ
けを処理するものが多いのではないかと思いま
す。Java 9からは**dropWhile**と**takeWhile**メソッ
ドが導入されたので、条件が成り立つ間は処理

リスト40　仮として長さ0の配列を渡す

```
String[] s = strs.toArray(new String[0]);
```

リスト41　適切な長さの配列を用意する

```
String[] s = strs.toArray(String[]::new);
```

リスト42　「2,1,0,-1」という配列を得る

```
IntStream.of(0,1,2,1,0,-1,-2,-1)
  .dropWhile(i -> i < 2)
  .takeWhile(i -> i > -2)
  .toArray();
```

リスト43　notメソッドの導入

```
strs.stream()
    .filter(not(String::isEmpty))
    .collect(toList());
```

をしない、または条件が成り立つ間は処理を行うということができるようになりました。

リスト42を実行すると、「2,1,0,-1」という配列が得られます。dropWhileメソッドで2より小さいという条件を指定していますが、いったん処理されるようになると2より小さい値も処理されていることに注意してください。

また、Predicateインターフェースに**not**メソッドが導入されています。メソッドのドキュメントを見ても使い方がわかりにくいですが、**リスト43**のようにメソッド参照での条件記述を反転させることができます。

I/O

「java.io」パッケージのクラスも、少し使いやすくなるような変更が入っています。Filesクラスに**readString**や**writeString**というメソッドが追加されて、ファイルへの文字列の入出力がひとつのメソッドで実行できるようになりました。ReaderクラスやInputStreamクラスには、**transferTo**というメソッドが追加されて、WriterやOutputStreamを渡すことで入力をそのまま出力へ渡すことができるようになりました。また、何もしない入出力クラス、**NullReader**、**NullWriter**、**NullInputStream**、**NullOutputStream**が追加されています。

HTTP Client API

HTTPアクセスするAPIとして、HttpURLConnectionがJavaの初期から用意されていましたが、まだ当時はHTTPの利用が広まっておらず、FTPなど他のプロトコルとの共通化も狙っていたため、HTTPがリモートAPI呼び出しにも

リスト44 HTTP Client APIの基本的なコード

```
var client = HttpClient.newHttpClient(); // ①
var request = HttpRequest.newBuilder() // ②
        .uri(URI.create(
            "http://openjdk.java.net/"))
        .build();
HttpResponse<String> res = client.send( // ③
        request,
        HttpResponse.BodyHandlers.ofString());
System.out.println(res.statusCode()); // ④
System.out.println(res.body());
```

使われるような実情にあわず、またHTTP/2にも対応していませんでした。

そこで、HTTP Client APIがJava 9からIncubatorモジュールとして含まれ（JEP 110）、Java 11で正式機能として採用されました（JEP 321）。HTTP Client APIは次のような特徴をもっています。

- リクエストやレスポンスの分離
- HTTP/2対応
- 認証やCookie、プロキシへの対応
- 非同期

基本的なコードは**リスト44**のようになります。パッケージは「java.net.http」です。

HTTP Client APIでのHTTPアクセスは、大きく次の4つの手順に分かれます。

1. HttpClientの用意
2. HttpRequestの用意
3. HttpClientを使ってHttpRequestを送信
4. 返ってきたHttpResponseの処理

HttpClientの用意では、プロトコルやプロキシ、クッキーの処理方法などが設定できます。リスト45では、HTTP/2で通信を行い、リダイレ

クトを通常どおり行うように設定しています。

　HttpRequestの用意では、GET、POSTなどHTTPメソッドの指定やPOSTパラメータ、タイムアウトやヘッダの設定などが行えます（**リスト46**）。

　リクエスト送信時には、レスポンスボディの扱い方をBodyHandlerとして設定しますが、BodyHandlersによく行う処理は用意されています（**表1**）。

　リクエストの送信では、**send**メソッドの代わりに**sendAsync**メソッドを使うことで非同期呼び出しが行えます。この場合、CompletableFutureに包まれた**HttpResponse**が返ります。

　リスト47では、リクエストを非同期に呼び出して、レスポンスが返ってきたらステータスコードを表示しますが、このメソッド呼び出し自体はすぐに終了します。

▎Foreign Memory Access API

　Foreign Memory Access API（以下、Foreign API）はJavaのヒープ外のメモリにアクセスするためのAPIで、Panamaプロジェクトで開発されています。JEP 370として仕様がまとめられ、Java 14にIncubatorモジュールとして導入されます。今まででも、ネイティブメモリアクセスにはByteBufferを使うことができますが、2GBまでしか対応しておらず、またメモリ解放の問題もあります。ほかの手段としては、sun.misc.Unsafeがあります。これは名前からわかるように安全ではありませんが、高機能・高性能なためデータを扱うさまざまなミドルウェアで使われているものです。

　つまり、今までは、制限があるけど安全なAPIか、自由だけど安全ではないAPIを使うかを選ぶ必要がありました。Foreign APIが導入されれば、安全で自由、かつ高性能にネイティブメモリが扱えるようになります。たとえば、**リスト48**のようにして、100バイトのメモリを確保して0から24までを格納するというコードが書けます。

　Foreign APIは「jdk.incubator.foreign」モジュールに入っていて、クラスなどは同名のパッケージに属します。そのため、使うときには「--add-modules jdk.incubator.foreign」の指定が必要です。Incubatorを卒業して正式機能になれば、「--add-modules」の指定は不要になり、パッケージも「java.foreign」のようなものに変更され

リスト45　HttpClientの用意

```
var client2 = HttpClient.newBuilder()
    .version(Version.HTTP_2)
    .followRedirects(Redirect.NORMAL)
    .build();
```

リスト46　HttpRequestの用意

```
var req2 = HttpRequest.newBuilder()
    .uri(URI.create("http://localhost:8080"))
    .POST(HttpRequest.BodyPublishers.ofString(
        "name=kishida&submit=ok"))
    .timeout(java.time.Duration.ofMinutes(1))
    .header("Content-Type",
        "application/x-www-form-urlencoded")
    .build();
```

表1　BodyHandlersに用意された処理

メソッド	用途
ofString	文字列として取得
ofLines	行ごとのStreamとして取得
ofFile	ファイルに保存
ofByteArray	バイト配列として取得
discarding	ボディを捨てる

リスト47　非同期呼び出し

```
client.sendAsync(request,
        HttpResponse.BodyHandlers.discarding())
    .thenApply(HttpResponse::statusCode)
    .thenAccept(System.out::println);
```

るはずです。ここで、VarHandleクラスは「java.lang.invoke」パッケージ、ByteOrderクラスは「java.nio」パッケージに属する既存のクラスです。

Vector API

Vector APIはJavaからSIMD命令を使うためのAPIで、これもPanama Projectで開発されています。まだどのバージョンで導入されるかは決まっていませんが、JEP 338として仕様がまとめられています。SIMD命令というのは、一つの命令（Single Instruction）で複数のデータ（Multi Data）を扱えるしくみで、現在のCPUの多くが持っています。たとえば、**float**の実数を4つ同時に加算ができるような命令です。

例として**リスト49**のような処理を考えてみます。**float**の配列を3つ受け取り、最初の2つの配列の要素の二乗和を符号反転して、3番目の配列に格納するという処理です。

この処理を、Vector APIを使ってSIMD命令が利用できるようにしてみます（**リスト50**）。

VectorSpeciesは、どの型の何ビットのSIMD命令を使うかということを表します。ここでは、

float型の256ビット扱えるSIMD命令を使えるように指定しています。**float**型は32ビットの値を扱うので、256ビットであれば8個の値を同時に扱えることになります。

VectorMaskは、複数の値が扱える中で、どの値を実際に扱うかを指定するためのクラスです。ここでは、配列の最後を扱うときに余りがでることに対処するために使っています。

FloatVectorが実際の値を格納する型です。ここでは、**fromArray**メソッドを使って配列から

リスト48　Foreign Memory Access APIのサンプル

```java
VarHandle intHandle = MemoryHandles.varHandle(
    int.class, ByteOrder.BIG_ENDIAN);

try (MemorySegment segment =
        MemorySegment.allocateNative(100)) {
    MemoryAddress base = segment.baseAddress();
    for (int i = 0 ; i < 25 ; i++) {
        intHandle.set(base.offset(i * 4), i);
    }
}
```

リスト49　floatの配列を受け取って、処理をするコード

```java
void scalarComputation(
        float[] a, float[] b, float[] c) {
    for (int i = 0; i < a.length; i++) {
        c[i] = (a[i] * a[i] + b[i] * b[i])
            * -1.0f;
    }
}
```

リスト50　Vector APIの使用

```java
static final VectorSpecies<Float> SPECIES = FloatVector.SPECIES_256;

void vectorComputation(float[] a, float[] b, float[] c) {

    for (int i = 0; i < a.length; i += SPECIES.length()) {
        VectorMask<Float> m = SPECIES.indexInRange(i, a.length);
        // FloatVector va, vb, vc;
        var va = FloatVector.fromArray(SPECIES, a, i, m);
        var vb = FloatVector.fromArray(SPECIES, b, i, m);
        var vc = va.mul(va)
                    .add(vb.mul(vb))
                    .neg();
        vc.intoArray(c, i, m);
    }
}
```

値を設定しています。値が取得できれば、あとは**mul**メソッドや**add**メソッド、**neg**メソッドで計算を行って、**intoArray**メソッドで配列に格納を行っています。

現時点でVector APIは、「jdk.incubator. vector」モジュールに入って同名のパッケージに属しています。実際の動かし方は筆者のブログ[注2]を参考にしてください。

Project Loom

Project Loomは、Javaでアプリケーション管理のスレッドや継続と呼ばれるしくみを組み込むためのプロジェクトです。

現在のアプリケーションは、内部で多くのデータベースやアプリケーションサーバへの通信を行います。通信処理での待ち時間はCPUの無駄になります。Webサーバでは多くのスレッドを立ち上げて、同時に複数のリクエストを処理しますが、多くのスレッドが通信待ちで何も処理をしていない状態になっています。

Javaのスレッドは、OSの提供するスレッドを使っているため、どのような処理でも並行して行える汎用性が高いものになっています。しかし、通信待ちの間にほかのリクエストの処理を行うために、複数のスレッドを使うというのは、やりたいことに対して無駄が多く、CPUやメモリなどを浪費してしまいます。

OSではなくアプリケーション側でスレッド管理をすれば、利用方法は限定されますがCPUやメモリの使用量を抑えることができるようになります。そこで、RxJavaのように非同期処理を行

うライブラリが使われるようになり、スレッドを使いまわして通信の待ち時間にほかのリクエストの処理を行うようになりました。しかし、今度は、やりたいことに対して記述が難しくなってしまいました。

Project Loomが提供するアプリケーション管理のスレッドはFiberと呼ばれ、自然な記述で軽量な並列コードを書くことができます。ここでは、継続と呼ばれるしくみを使うコードを紹介します（**リスト51**）。継続は、ほかのプログラミング言語では処理のある時点から後ろの続きの処理を表しますが、Loomでの現時点の実装ではプログラムを停止させてほかの場所から再開を制御できるしくみになっています。**Continuation**オブジェクトに処理を持たせ、その中で**yield**メソッドを呼び出すと処理が止まり、その外側で**run**メソッドを呼び出すと処理が再開するようになっています。このサンプルでは、「out1/c1/out2/c2/out3」と表示されます。

現在の実装では**Continuation**クラスや**ContinuationScope**クラスは「java.lang」パッケージに含まれ、特別なimportなく使えるようになっていますが、正式にOpenJDKに組み込まれ

リスト51　継続と呼ばれるしくみを使うコード

```java
public class LoomSample {
  public static void main(String... args) {
    var scope = new ContinuationScope() {};
    var c = new Continuation(scope, () -> {
      System.out.println("c1");
      Continuation.yield(scope);
      System.out.println("c2");
    });
    System.out.println("out1");
    c.run();
    System.out.println("out2");
    c.run();
    System.out.println("out3");
  }
}
```

注2）https://nowokay.hatenablog.com/entry/2019/09/05/015537 「Vector APIを試す」

る際には変わる可能性があります。試してみる手順は、筆者のブログエントリ[注3]を参考にしてください。

削除されたAPI

Java 9以降で削除されたAPIもあります。APIが削除される場合は、いったん@Deprecated（forRemoval=true）というアノテーションが付けられ、それ以降のバージョンで削除されます。

■Java EE and CORBA

Java 11では、Java EEやCORBA関連のAPIが削除されました。これらのAPIは独立したライブラリとして公開されているので、アプリケーションの開発自体はMavenなどで依存性を追加すれば、ほとんどの場合、問題ありません。ただ、アプリケーションサーバはJava 11では古いものは動かなくなっている可能性があります。このあたりは、第3章で解説されています。

■Applet & Java Web Start

Java 9では、Appletを動かすためのJavaプラグインが削除され、Applet APIはDeprecatedになりました。また、一時はAppletからJava Web Startへの移行が推奨されていましたが、Java Web Startも削除されました。最近発生するJavaのセキュリティ問題のほとんどがAppletかJava Web Start関連であり、利用状況を考えるとメンテナンスは割にあわないということのようです。

もしもAppletを使いたいという場合には、JavaScriptで実装されたJVMであるCheerpJ[注4]があります。クライアントのChromeにChrome Extensionを入れればAppletがほぼそのまま動くようです。SwingのJFrameアプリケーションであれば、ユーザー環境へのプラグインは不要でFirefoxやSafariなどでもJavaアプリケーションを動かすことができます。ただ、アプレットを使う背景にはカードリーダーなどのデバイスを使いたいという動機がありますが、JavaScriptでできないことはCheerpJではできません。

Java Web Startを使いたい場合は、Open WebStart[注5]が利用可能です。オープンソース実装の場合は、機能名からJavaが省かれて、Web Startになります。

注3） https://nowokay.hatenablog.com/entry/20180809/
1533777641 「Project LoomでJavaでの継続（Continuation）を試す」

注4） https://www.leaningtech.com/cheerpj/
注5） https://openwebstart.com/

1-4

Javaの未来を作るプロジェクト Project Valhalla

吉田 真也　*YOSHIDA Shinya*
https://bitter-fox.hatenadiary.org/　Twitter：@shinyafox, @bitter_fox

将来のJavaへの導入を目指して開発されているOpenJDKのプロジェクト、Project Valhallaを紹介します。Project Valhallaとは、より効率的に、Javaアプリケーションにおいてメモリを利用することを目指すプロジェクトです。

オブジェクト配列

　リスト1のようなx座標とy座標を持つ**Point**オブジェクトを考えてみましょう。誌面の都合上、アクセス修飾子、**getter**や**setter**などは省略します。

　数値計算やシミュレーション、機械学習などのプログラムをJavaで実装するときには、このような値をいくつか保持するような小さなオブジェクトを用いると、可読性や開発効率が向上するなど便利な場面がしばしばあります。このような値を保持するためのクラスは、Java標準ライブラリの中にもたくさんあります。たとえば、int型の値を保持するIntegerクラスや、Java 8で導入されたOptionalクラスもこのようなクラスです。このクラスを利用するときは**new Point(10, 20)**などとしてインスタンス化します。

　それでは、このオブジェクトは、実行時にメモリ上ではどのように表されているのでしょうか。JVM仕様書には、JVM内でのオブジェクトの表現は処理系依存（JVM仕様書 2.7[注1]）と定められているので、これはランタイムによって異なります。OpenJDKで用いられるHotSpotの場合に限

リスト1　x座標とy座標を持つPointクラス

```java
class Point {
  int x;
  int y;
  Point(int x, int y) {
    this.x = x;
    this.y = y;
  }
}
```

定すると、「jol」[注2]というツールを使うと確認できます。

　先ほどのPointクラスをコンパイルして、「jol」を用いて確認してみます（**リスト2**）。xとyの前にオブジェクトヘッダとして12バイト、そしてアラインメントのために末尾に4バイトが加えられ、x,yを含めると24バイト必要です。オブジェクトヘッダにはクラス情報への参照などが含まれており、そのサイズは実行環境によって異なります。ここでは、オブジェクトヘッダのサイズは12バイトとします。このように、**int**の値をたった2つ（intは4バイトですので合計8バイト）保持するために、16バイトも余分に必要です。

　1つのオブジェクトが保持するデータ量が大きかったり、生成されるオブジェクト数が少なかったりする場合には、このようなオーバーヘッドは限りなく無視でき、問題にはなりにくいですが、

注1）　https://docs.oracle.com/javase/specs/jvms/se13/html/jvms-2.html#jvms-2.7

注2）　http://openjdk.java.net/projects/code-tools/jol/

リスト2 「jol」の使用

```
$ javac Point.java
$ hg clone http://hg.openjdk.java.net/code-tools/jol/ jol
$ cd jol; mvn clean install
$ java -cp jol-cli/target/jol-cli.jar:.. org.openjdk.jol.Main internals Point
...
Point object internals:
 OFFSET  SIZE    TYPE DESCRIPTION                               VALUE
      0     4         (object header)                           05 00 00 00 (00000101 00000000 ⏎
00000000 00000000) (5)
      4     4         (object header)                           00 00 00 00 (00000000 00000000 ⏎
00000000 00000000) (0)
      8     4         (object header)                           8e fb 16 00 (10001110 11111011 ⏎
00010110 00000000) (1506190)
     12     4     int Point.x                                   0
     16     4     int Point.y                                   0
     20     4         (loss due to the next object alignment)
Instance size: 24 bytes
Space losses: 0 bytes internal + 4 bytes external = 4 bytes total
```

先ほど述べたような小さなオブジェクトをたくさん使うようなアプリケーションではメモリフットプリントの問題が発生します。具体的な例で考えてみましょう。

100個のPointの値を用いたアプリケーションを考えてみます。100個のPointの値を保持するために、ここでは配列を用いることにします。要素が100個のPointクラスの配列を初期化するコードは**リスト3**のようになります。ここでは、Pointオブジェクトへの参照を100個保持するpoints配列とPointオブジェクトを100個生成しています。オブジェクトへの参照は4バイトとすると、配列にもオブジェクトヘッダが必要ですので、points配列だけで「100*4bytes+12bytes=412bytes」を使用します。さらに、Pointオブジェクトが100個必要ですので、先ほどの結果より「24bytes*100=2400bytes」。あわせて「2812bytes」を使用します。

先ほどのコードは、intの配列を用いて**リスト4**のように書き換えることができます。さらに配列をひとつにまとめてint[] xy = new int[200];とすることもできますが、ここではxとy

リスト3 要素が100個のPoint配列を初期化するコード

```
Point[] points = new Point[100];
for (int i = 0; i < 100; i++) {
  points[i] = new Point();
}
```

リスト4 intの配列を用いる

```
int[] x = new int[100];
int[] y = new int[100];
```

を別の配列にします。intは4バイトですので100要素のint配列のサイズは「100*4bytes+12bytes=412bytes」となり、これが2つですのでxとyをあわせると824bytes必要です。

このようにオブジェクトの配列を用いる場合とプリミティブ型の配列を用いる場合を比べると、使用されるメモリが大幅に違うことがわかると思います。この差は要素数が大きくなればなるほど大きくなります。そのため、Javaで大量のデータを扱うときには大きな問題です。さらに、オブジェクトをインスタンス化するとそのたびにメモリ上に新たに領域が確保されてしまうため、GCの負荷を増加させ、スループットの低下を招くという問題も起こります。

例として、**リスト5**のようなプログラムを考えて

リスト5　時刻tで時間発展するシミュレーションプログラムのようなプログラム

```java
import java.util.concurrent.ThreadLocalRandom;
import java.util.concurrent.TimeUnit;

class Main {
    private static int computeY(int x, int t) {
        return (x + t) % 1000;
    }

    public static void main(String[] args) {
        int N = 10_000;
        Point[] points = new Point[N];

        // 初期値生成(t = 0)
        for (int i = 0; i < points.length; i++) {
            int x = ThreadLocalRandom.current().nextInt();
            points[i] = new Point(x, computeY(x, 0));
        }

        int t = 1;
        long start = System.nanoTime();
        while (true) {
            for (int i = 0; i < points.length; i++) {
                points[i] = new Point(points[i].x, computeY(points[i].x, t));
            }
            t++;
            if (t % 100_000 == 0) {
                System.out.println("" + t + ": " + TimeUnit.NANOSECONDS.toMillis(System.nanoTime() 
- start));
            }
        }
    }
}
```

みます。これは、時刻tで時間発展するシミュレーションプログラムのようなプログラムです。**Point**の配列を1万要素定義し、先頭から末尾まで新しい**Point**オブジェクトを生成して、新たなxとyの値を代入しています。この処理を無限ループで処理しています。10万サイクルごとに所要時間を出力しています。

このプログラムでの**Point**オブジェクトは、イミュータブルなオブジェクトです。イミュータブルなオブジェクトとは、オブジェクトを生成したあとは内部状態を変更できないオブジェクトのことで、状態を持たないためにプログラムの見通しやデバッグのしやすさが高まるため、好まれます。値の更新には、**リスト5**のプログラムのように新しいインスタンスを作ります。著者の環境では

200秒で時刻t=1200万まで計算が行えました。

このプログラムを実行したときのGC負荷とメモリ使用量を示したのが**図1**です。左のグラフがCPU使用率を表しており、右のグラフがメモリ使用量を表しています。メモリ使用量のグラフが上下しているということは、メモリが消費されたあとにGCによってゴミオブジェクトが回収されているということです。ご覧のように激しく上下しており、GCが多数発生していることがわかります。

さらに、オブジェクトの配列にはキャッシュミスを引き起こす問題があります。連続したメモリアクセスは1要素目を取得するときに、ある程度の連続領域をCPUのL1キャッシュ、L2キャッシュに乗せ、2要素目はそのキャッシュから取得するなどで高速に行えます。一般に、配列は連続し

たメモリ領域に配置されます。

たとえば、new int[100]やnew Point[10000]などは連続して確保されるため、この配列の各要素にアクセスするときはCPUのキャッシュを活用できます。new int[100]の各要素はintの値ですが、new Point[10000]の各要素は実際にはPointオブジェクトへの参照値です。そのため、Pointオブジェクトの実体は配列の連続したメモリ領域とは異なる場所にあります。つまり、配列内のPointオブジェクトの実体もそれぞれが近しい領域に確保されていなければ、CPUのキャッシュを有効に活用できません。近しい領域に確保されていない場合は、キャッシュミスを引き起こし、スループットが低下します。

一般に、オブジェクトの配列の各要素へのオブジェクトの割り当ては連続することが予想でき、連続してオブジェクトを確保した場合、そのオブジェクトは連続したメモリ領域に確保されることが期待できます。これは、JVMのメモリマネジメントシステムの実装に依存しますが、HotSpotの世代別

GCやG1 GCなどではこのような挙動をします。

マルチスレッドで、ほかのスレッドでも処理が行われており、別のオブジェクトを確保しているような状況でも、単一のスレッドがオブジェクトを連続で確保した場合はそれらのオブジェクトは連続したメモリ領域に確保されます。これは、TLAB（Thread Local Allocation Buffer）と呼ばれる最適化のためです。TLABはスレッドごとにオブジェクトを割り当てるためのメモリ領域を割り当て、各スレッド内で生成されるオブジェクトは各TLAB内の領域に割り当てられます。このようにすることで、オブジェクトにメモリを割り当てる際の排他制御などを軽減できます。また、これらにより、単一スレッド内での配列の各要素への連続的なオブジェクトの割り当てが連続したメモリ領域で行われることが期待できるため、オブジェクトを割り当てた直後は、オブジェクトの配列であってもキャッシュミスなどは起きにくいことがわかります。

ただし、ひとつのオブジェクトの配列の各要素

図1　プログラムを実行したときのメモリ使用量とGC負荷

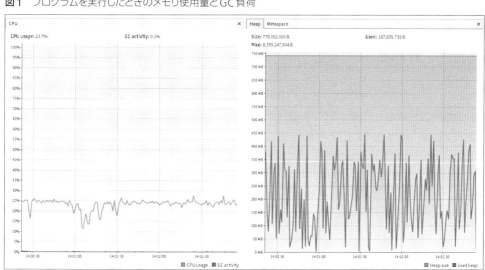

に複数のスレッドからオブジェクトを割り当てたり、単一のスレッド内での連続的な配列の要素のオブジェクトの割り当ての間に多くのオブジェクトの割り当てがあったり、配列の特定の要素にだけオブジェクトを割り当てたりする場合は、キャッシュミスが起きる可能性が高まります。

また、長時間プログラムを実行した場合はどうでしょうか。オブジェクトの配列の各要素に新しいオブジェクトを割り当てていない場合は、各オブジェクトがGCの際に別々の領域に移動させられることがあります。そのようになるとオブジェクトの配列への連続したアクセスが、メモリアドレス上は連続していないアクセスになるためキャッシュミスが頻発することになり、性能の低下が起きる場合があります。

Write like Object, Work like int

そこで、inlineクラスと呼ばれるものをJavaに導入します。このクラスはオブジェクトのよう

リスト6　Pointクラスをinlineクラスとして定義

```
inline class Point {
  int x;
  int y;
  Point(int x, int y) {
    this.x = x;
    this.y = y;
  }
}
```

リスト7　Pointクラスを用いて、Lineクラスをinlineクラスとして定義

```
inline class Line {
  Point from;
  Point to;
  Line(Point from, Point to) {
    this.from = from;
    this.to = to;
  }
}
```

に定義するのですが、インスタンス化する際には先述した無駄が生じないような形でメモリ上に展開されます。Project Valhallaが始まった当時はvalueクラスと呼ばれていたのですが、現在はinlineクラスと呼ばれています。今後もプロジェクトが進むと、最終的な仕様策定時に、また名前が変更されるかもしれません。

inlineクラスを定義するには、inline修飾子を付与します。たとえば、先ほどのPointクラスをinlineクラスとして定義すると、リスト6のようになります。inlineクラスは、自動的にfinalクラスになります。また、フィールドもfinal修飾されます。Object以外のクラスを継承することはできませんが、インターフェースを実装することはできます。Pointクラスをインスタンス化する場合は、普通のクラスをインスタンス化するときと同じようにnew C(...)とします。先ほどのPointクラスをインスタンス化すると、new Point(10, 20)となります。

inlineクラスにはプリミティブ型のフィールドだけでなく、inlineクラスや普通のクラスのフィールドを含めることもできます。たとえば、先ほどのPointクラスを用いて、2点を結ぶLineクラスをinlineクラスとして定義すると、リスト7のようになります。

Java 8から導入されたOptional型のような値を1つ保持するクラスは、リスト8のようになります。

inlineクラスのdefault値

Javaのすべての型には、default値が定義されています。たとえば、プリミティブ型のint型のdefault値は0、boolean型のdefault値は偽です。

また、参照型のdefault値はnullです。inlineクラスのdefault値は、すべてのフィールドをdefault値で初期化した値です。inlineクラスCのデフォルト値は、**C.default**で取得できます。

たとえば、リスト9では、Pointクラスのdefault値は**new Point(0, 0)**と同値で、Lineクラスのdefault値は**from**と**to**をPointクラスのdefault値で初期化した値ですので、**new Line(new Point(0, 0), new Point(0, 0))**です。**C.default**はコンストラクタ呼び出しを行うわけではないため、厳密には一般にコンストラクタ呼び出しの結果とは同義、同値にならないことに注意してください。

inlineクラスの同値性

従来の参照型の同値性の比較には、==演算子と**equals**メソッドがあります。==演算の結果が真のとき、2つのオブジェクトは同じ参照です（リスト10）。つまり、同じ内容のオブジェクトに対して、偽になる場合があります。たとえば、**"hoge" == new String("hoge")**は偽です。参照のコンテンツが同値であることを判定するには、**equals**メソッドを用います。クラスの実装者は、参照のコンテンツで比較するように**equals**メソッドを適切に実装します。

inlineクラスの同値性の比較は、参照型と同じように==演算子と**equals**メソッドで行えますが、==演算子での比較はオブジェクトのすべてのフィールドが同値のときに同値になります。この挙動は、参照型の==演算子とは異なります。また、コンパイラは**equals**メソッドと**hashCode**メソッドをコンパイル時に生成します。デフォルトの挙動は、==演算子と同じようにオブジェクト

リスト8　Optional型のような値を1つ保持するクラス

```
inline class Some<T> implement Maybe<T> {
  T value;
  Some(T value) {
      this.value = value;
  }

  boolean isEmpty() {
    return false;
  }
  // ...
}
```

リスト9　inlineクラスPointとLineの初期値

```
jshell> Point.default
$1 ==> [Point x=0 y=0]
jshell> Line.default
$2 ==> [Line from=[Point x=0 y=0] to=[Point
x=0 y=0]]
```

リスト10　==演算の結果

```
jshell> new Point(0, 0) == new Point(0, 0)
$1 ==> true
jshell> Point.default == new Point(0, 0)
$2 ==> true
```

のコンテンツで比較を行います。なお、オーバーライドして**equals**メソッドの挙動を変更できますが、==演算子の挙動は変わりません。

つまり、Pointが従来の参照型の場合、**new Point(0, 0) == new Point(0, 0)**は偽でしたが、inlineクラスの場合、これは真になります。

inlineクラスのメモリ配置

inlineクラスの基本的な挙動を見てきましたが、メモリ上にどのように配置されるのでしょうか。おそらくJVM仕様書では、inlineクラスのインスタンスのメモリ上での配置については、最適な実装を開発者が選択できるように、処理系依存として実装の幅をもたせるでしょう。そのため、具体的にどのように配置されるのかは実装によって異なってくると思います。

ここでは、inlineクラスのメモリ配置の最適化

リスト11　Pointオブジェクトをフィールドに持つクラスC

```
class C {
    int x;
    Point p;
}
```

リスト12　クラスCがPointの配列を保持する場合

```
class C {
    int x;
    Point[] ps;
}
```

図2　メモリ上の配置

図3　Pointオブジェクトがメモリ上に確保、「c.p」にはそのオブジェクトへの参照が入る

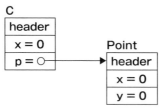

図4　クラスCにPointクラスのフィールドが埋め込まれた形

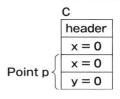

図5　クラスをインスタンス化した段階

図6　参照型の場合

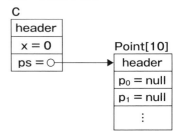

例として、いくつか考えられる配置を紹介します。**リスト11**のような**Point**オブジェクトをフィールドに持つクラスCを考えます。

このクラスを**C c = new C()**としてインスタンス化した場合、**Point**クラスが参照型の場合、メモリ上の配置は**図2**のようになります。このとき、**c.p**には参照型のデフォルト値である**null**が入っています。

c.p = new Point(0, 0)とすることで**図3**のように、**Point**オブジェクトがメモリ上に確保され、**c.p**にはそのオブジェクトへの参照が入ります。

一方、**Point**クラスが**inline**クラスの場合、**図4**のようにJVMはクラスCに**Point**クラスのフィールドが埋め込まれた形でメモリ上に展開することが可能になります。**c.p**の値は**Point**の初期値である**Point.default**、つまり**Point(0, 0)**で初期化されます。これは、**Point**クラスが**final**修飾されているため、pのデータ長が実行時には一意に定まるためです。

クラスCが**Point**の配列を保持する場合を考えます（**リスト12**）。

配列は依然として参照型ですので、このクラスをインスタンス化した段階では、メモリ配置は**Point**クラスが参照型の場合でも**inline**クラスでも同じく**図5**になります。

ここで、**c.ps = new Point[10]**とした場合を考えます。**new Point[10]**はメモリ上に展開され、その配列への参照が**c.ps**に入ります。このときの**Point**の配列のメモリ配置は**Point**が参照型と**inline**クラスで異なり、参照型の場合は**図6**のようになります。参照型の場合は、**new Point[10]**は参照型の値が10個入る配列が確保されます。このとき、各要素の値は参照型の初期値である**null**で初期化されています。そして、各要素を**c.ps[0] = new Point(0, 0)**のようにして初期

化した場合のメモリ配置は**図7**のようになります。

　一方で、`Point`が`inline`クラスの場合、`new Point[10]`とすると`Point`オブジェクトが連続的に展開された配列が生成され、**図8**のようになります。このとき、それぞれの要素は`Point`の初期値で初期化されます。

■inlineクラスのパフォーマンス

　執筆時点でのEA[注3]では、`inline`クラスの初期

の実装が含まれています。このEAで先ほどのプログラムを動かしてみます。先ほどのプログラムからの変更点は`Point`クラスの定義に`inline`修飾子を付けただけです。同じ環境でおよそ200秒動かした結果、時刻t=1億300万まで計算できました。スループットがおよそ10倍違います。

　このプログラムを実行したときのメモリ使用量とGC負荷を示したのが**図9**です。`inline`クラスの`new`が実際にはオブジェクトを生成しないため、このようにメモリ使用量が増えることはありません。その結果、GCの発生頻度も少なくなり、スループットが大幅に改善しています。

注3）http://jdk.java.net/valhalla/ からEarly Accessビルドを取得でき、Valhallaの機能を試すことができます。

図7　各要素を初期化した場合のメモリ配置

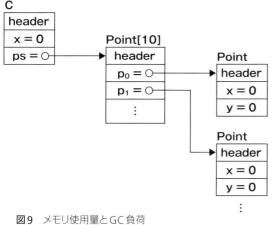

図8　Pointオブジェクトが連続的に展開された配列

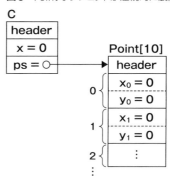

図9　メモリ使用量とGC負荷

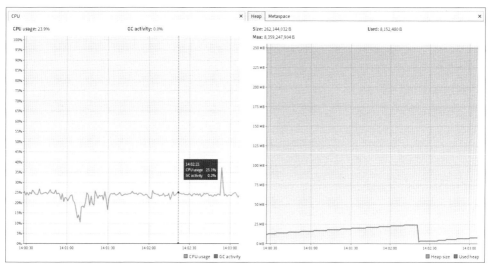

inlineクラスとジェネリクス

実際のプログラムを書く際には、クラスCのように配列を直接用いず、java.utilにあるコレクションフレームワークなどを用いるのではないでしょうか。**リスト13**は型引数Eでジェネリクス化されており、配列を用いて複数のデータを保持するコレクション、MyArrayListの実装例です。

そして、このクラスを用いるクラスは、**リスト14**のようになります。

Javaのジェネリクスは、型消去と呼ばれる手法でジェネリックなクラスをコンパイルします。型消去とは、**リスト15**のコードのように、MyArrayListの定義で現れる仮型変数EをEの基底クラスに置き換えたクラスに変換します。このとき、どのフィールドや戻り値の型や引数の型がどの型引数だったかもクラスファイル上に残しておきます。

そして、このクラスを使うときに、仮型引数を用いて定義されたフィールドや戻り値を実型引数でキャストを行います（**リスト16**）。

ジェネリクスが導入される前のコードを再利用できるように、このような方法で互換性を保ってきました。このとき、ランタイムはMyArrayListの型引数に対して、どの型が指定されてインスタンス化されたかがわかりません。

さて、実型引数にinlineクラスが渡されるとどうなるでしょうか。たとえば、new MyArrayList<Point>(1)のPointクラスが

inlineクラスの場合です。型消去の方法では、先ほどの例におけるdataフィールドを参照型（Object）の配列として展開してしまうため、inlineクラスを最適な形でメモリ上に展開できません。ジェネリクスを用いるクラスでもinlineクラスを最適な形でメモリ上に展開するためには、ジェネリクスを用いるクラスをインスタンス化するときに、inlineクラスのデータ長、データ構造、そしてその初期値が必要になります。つまり、ジェネリクスのクラスの型引数の実際の型が何かをランタイムが把握する必要があります。これをジェネリクスの特殊化（Specialization）と呼び、Valhallaでは現在、ジェネリクスの特殊化に向けた調査と実装が進められています。

リスト13　型引数Eでジェネリクス化されたMyArrayListの実装

```
class MyArrayList<E> {
    E[] data;
    MyArrayList(int size) { data = new E[size]; }
    void set(int i, E e) { data[i] = e; }
    E get(int i) { return data[i]; }
    // ...
}
```

リスト14　MyArrayListを用いたコード

```
var points = new MyArrayList<Point>(1);
points.set(0, new Point(10, 20));
Point p = points.get(0);
```

リスト15　コンパイル時に型消去されたリスト13のプログラム

```
class MyArrayList { /* <E> */
    Object[] data; /* data was E */
    MyArrayList(int size) { data = new Object[size]; }
    void set(int i, Object e) { data[i] = e; } /* e was E */
    Object get(int i) { return data[i]; } /* return type was E */
    // ...
}
```

リスト16　コンパイル時に型消去されたリスト14のプログラム

```
MyArrayList points = new MyArrayList(1);
points.set(0, new Point(10, 20));
Point p = (Point) points.get(0);
```

1-5

JVMの変更

きしだ なおき　*KISHIDA Naoki*
https://nowokay.hatenablog.com/　Twitter：@kis

Javaの機能追加として、言語仕様や標準ライブラリの変更に目が向きがちです
が、パフォーマンスや運用を考えるとJVMの変更も重要になります。ここでは、
クラスの扱いやガベージコレクタなど、JVMの動きに関する変更を紹介します。

モジュールシステム

2009年に、Javaにモジュールを導入するための **Project Jigsaw** は始まりました。もともとはJava SE 7をターゲットにしていたものの、延期が続き、2017年のJava SE 9でようやく正式に導入されました。ただ、アプリケーションやライブラリをモジュールとして定義するという流れにはなっておらず、その点ではモジュールシステムは当初の目的通りになっているとはいえません。

しかし、モジュールシステムの最大の目的はJava自体のモジュール化です。Javaのモジュール化のおかげで、Javaの開発が進みやすくなっているように思います。たとえば、新しいHTTPクライアントライブラリやVector APIのように

モジュール単位で開発してExperimentalとして導入し、デフォルトではオフにするというようなことも可能になりました。

また、Java自体がモジュール化されたことで、最小のJava実行環境を作ることができるようになりました。Java 8では3段階のCompact Profileが用意されていて、必要に応じて小さい実行環境を選ぶことができましたが、Java 9からは実際に利用しているモジュールだけを選んだ必要最低限の実行環境を構築できるようになったわけです。ここでは、その手順について解説します。**リスト1** のようなプログラムを動かすためのJDKを作成するとします。

まずは、**jdeps** コマンドで依存モジュールの一覧を作成します（**図1**）。

リスト1　カスタムランタイムを試すためのサンプル

```
import javax.swing.*;
public class App {
    public static void main(String[] args) {
        var f = new JFrame("My App");
        var t = new JTextArea();
        f.add(t);
        var b = new JButton("Hello");
        b.addActionListener(al -> t.append("Hello!\n"));
        f.add("North", b);
        f.setSize(500, 400);
        f.setDefaultCloseOperation(JFrame.EXIT_ON_CLOSE);
        f.setVisible(true);
    }
}
```

図1　依存モジュールの一覧

```
$ jdeps --list-deps App.class
   java.base
   java.desktop
```

図2　カスタムランタイムを作成

```
$ jlink --add-modules java.base,java.desktop --output myjre
```

　これで依存モジュールがわかったので、それらのモジュールだけを含んだ実行環境を作成します（図2）。このように作成した実行環境をカスタムランタイムと呼びます。

　このようにすることで、75MBのカスタムランタイムができました。ダウンロードしたJDK 14が467MBあることに比べれば、かなりのコンパクト化がされています。

　もちろん、このカスタムランタイムを使って先ほどのプログラムを実行できます。

```
$ myjre/bin/java App
```

クラスデータ共有（CDS）

　Javaでは、メモリ上に読み込んだ内部形式のクラスデータをファイルに書き出して異なるJVMで共有することで、複数のJVMを起動したときのメモリフットプリントを削減するクラス

図3　プログラム実行画像

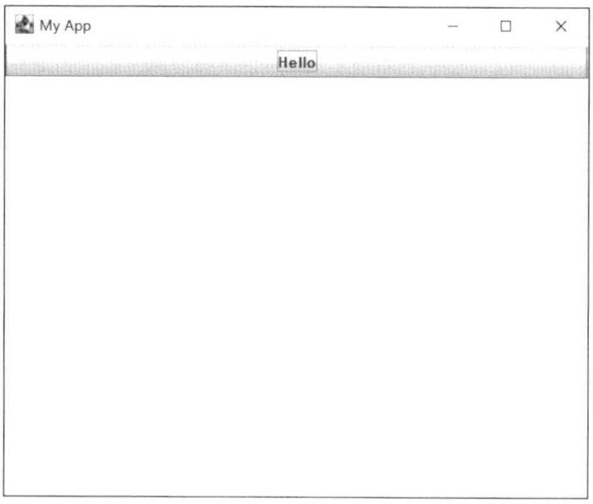

データ共有（CDS）がJava 5から導入されています。CDSを使って、起動を速くすることもできます。

　このCDSが、Java 10からJava 13にかけて機能強化されています。まずは、アプリケーションクラスのデータ共有（App CDS）です。もともとCDSはシステムクラスだけに対応していて、アプリケーションクラスのデータ共有に関してはJava 8から商用機能として導入され、OpenJDKでは使えませんでした。Java 10では、App CDSがOpenJDKでも利用できるようになりました。また、自分で作成する必要があったシステムクラスのデータファイルも、Java 12ではOpenJDKのビルド時に作成されたクラスデータが配布パッケージに含まれるようになり、デフォルトで読み込まれるようになったので、何もしなくても少しJVMの起動が速くなりました。そして、App CDSの作成は一度利用しているクラスの一覧を取得してから行う必要があったのが、実行時に収集したクラス一覧をJVM終了時にファイルに書き出すDynamic CDSがJava 13で導入され、クラスデータファイルの作成が少し楽になっています。ただ、筆者の環境で試したところ、Dynamic CDSよりも、自分でダンプしたクラスデータファイルを使うほうが起動が速くなっています。

　ここでは、利用クラスの一覧を取得してクラスデータをダンプする手順を紹介します。CDSデータの作成には、データを採るクラス一覧を指定する必要があります。テキストファイルに手書きをすることもできますが、実行中に利用したク

ラスの一覧を自動生成する機能を使うと便利です。図4のようにオプションを付けてアプリケーションを実行すると、実行中に利用したクラスの一覧が生成されます。

-Xshare:offを付けてCDSの利用をとめ、-XX:DumpLoadedClassListで生成するファイル名を指定します。生成されたファイルでは、次のようにクラスの一覧が生成されています。

```
java/lang/Object
java/lang/String
java/io/Serializable
...
```

このファイルを使って、今度はCDSデータを生成します。-Xshare:dumpを付けて、-XX:SharedClassListFileに先ほど生成したクラス一覧のファイル名、-XX:SharedArchiveFileに出力するCDSデータのファイル名を指定します（図5）。このとき、アプリケーションは実行されず、CDSデータの生成だけが行われます。

CDSデータを利用する場合は、-XX:SharedArchiveFileでデータファイルを指定して、アプリケーションを実行します（図6）。

このようにAppCDSを使うことで、起動が速くなり、メモリ使用量も削減できます。

Graal JITコンパイラ

Java 10では、Javaで記述されたJITコンパイラであるGraal JITコンパイラがExperimentalとして載っています。JIT（Just In Time）コンパイラは、JVMでの実行時にJavaバイトコードをネイティブコードに変換して実行を速くするためのコンパイラです。デフォルトでは、C1コンパイラとC2コンパイラというJITコンパイラが動いています。C1コンパイラは最適化をあまり行わず早めにほどほどに速度が上がるようにするコンパイラで、C2は時間をかけて最適化を行いできる限りの高速化を行うコンパイラです。どちらもC++で実装されています。

最初にC1コンパイラで当面の処理を行い、よく呼び出される処理はC2コンパイラで時間をかけて最高のパフォーマンスを引き出す、というように2段階でJITコンパイルを行う階層型コンパイルが行われます。C2コンパイラは非常に性能

図4　実行中に利用したクラスの一覧を取得

```
$ java -Xshare:off -XX:DumpLoadedClassList=myapp.lst -jar build/libs/myapp-0.1.jar
```

図5　CDSデータの生成

```
$ java -Xshare:dump -XX:SharedClassListFile=myapp.lst -XX:SharedArchiveFile=myapp.jsa ↵
-jar build/libs/myapp-0.1.jar
Allocated shared space: 3221225472 bytes at 0x0000000800000000
Loading classes to share ...
Preload Warning: Cannot find jdk/internal/misc/JavaLangRefAccess
Preload Warning: Cannot find jdk/internal/misc/SharedSecrets
Preload Warning: Cannot find jdk/internal/misc/JavaIOFileDescriptorAccess
...
```

図6　CDSデータを利用して実行

```
$ java -XX:SharedArchiveFile=myapp.jsa -jar build/libs/myapp-0.1.jar
```

がよく、C++より速いコードを生成することもあると言われていますが、この数年は大きな改善は行われていません。設計が古いことや、拡張したC++で書かれていて新しい開発者には扱いづらいことが理由として挙げられています。

そこで、Javaで新しく書き直したJITコンパイラがGraal JITコンパイラです。GraalもJavaで書かれているため、最初にGraal自体のJITコンパイルが必要になり、最大パフォーマンスに達するのが遅いといった問題はありますが、Twitter社では実際に使われてサーバ台数を削減できたようです。Graalについては、第5章で解説が行われます。

AOTコンパイラ

Java 9では、AOT（Ahed Of Time）コンパイラが導入されています。JITコンパイラは実行時にJavaバイトコードをネイティブコードにコンパイルしましたが、AOTでは実行前にコンパイルを行います。このAOTコンパイルにもGraalが使われています。事前にコンパイルを行うことで、起動時間を速くして、最大パフォーマンスまでの時間を短くすることを目的としています。

AOTコンパイルを行うには、**jaotc**コマンドでモジュールや**jar**を指定してコンパイルを行います。ここでは、Javaの基本的なライブラリを

AOTコンパイルする例を示します（**図7**）。

「libjava.base.so」というファイルが生成されるので、このファイルをJVM起動時に読み込みます。**-XX:AOTLibrary**で指定します（**図8**）。

これで、何も指定しない場合よりは速く起動するようになります。ただ、OpenJDKに組み込まれたAOTコンパイラは機能が限定的で、筆者の環境ではCDSのほうが起動速度が速くなりました。AOTコンパイラとしては、第5章で解説されているGraalVMのnative imageのほうが実用的だと思います。

GC

Javaでのメモリ管理は、ガベージコレクション（GC）によって行われていて、Java 8でも数種類のガベージコレクタが実装されていますが、Java 13までにガベージコレクタの追加やデフォルト変更など、いろいろ変化があります（**表1**）。目的としては、メモリの大容量化が続き、プロセッサ数も多くなったことから、それらのハードウェアの変更に対応するものといえます。

G1GCのデフォルト化

G1GC（Garbage-First Garbage Collector）は、Java 6 update 14で、Early Accessとして含まれ、Java 7 update 4で正式機能として導入され

図7　Javaの基本的なライブラリをAOTコンパイルする

```
$ jaotc --output=libjava.base.so --module java.base
```

図8　コンパイル済みクラスを実行時に読み込む

```
$ java -XX:AOTLibrary=./libjava.base.so -jar build/libs/myapp-0.1.jar
```

たガベージコレクタです。マルチプロセッサや大容量メモリに対応しています。Java 9では、G1GCがデフォルトのGCになりました。

CMS GCの削除

CMS（Concurrent Mark and Sweep）GCは、アプリケーション実行中にも一部のGC処理を行うことでアプリケーションの停止時間を短くすることを目的にJava 1.4.1で導入されたGCです。

CMS GCは細かい設定が可能でしたが、メンテナンスの負担になっていました。Java 9のJEP 291ですでにDeprecatedになっていましたが、メンテナンスを引き継ぐような人も現れなかったので削除するということです。CMS GCを削除することでCMS GCのみで使うコードが削除され、GC全体のメンテナンスコストが下がり、ほかのGCの開発が速くなることが期待されています。

ZGC

G1GCは大容量メモリに対応しているとはいえ、2009年に最初に出てきた当時は、6GBでもハイエンドという時代だったので、想定としては数GBから数十GBへの対応です。現在でも開発マシンとしては32GBで多いくらいですので、デフォルトとしては妥当ではありますが、サーバマシンでは256GBのメモリを積んでいるものも珍しくありません。

そこで、Java 11では、巨大メモリに対応したZGCがExperimentalとして導入されました。GCによるアプリケーション停止時間が最大10msというのが特徴です。Java 13では16TBまで対応しています。Java 13の時点ではLinuxのみに対応していますが。Java 14でmacOSやWindowsへの対応が行われます。Windowsへの対応はWindows 10 April 2018 Update以降のバージョンになるようです。

Shenandoah

ShenandoahはRed Hat社によって開発されたGCで、アプリケーション停止時間が200MBと200GBでも変わらないという点が特徴です。Java 12からExperimentalとして導入されました。G1GCをベースに開発されていて、G1GCと同じくリージョン型のGCです。20GB以上のメモリからが推奨されています。Shenandoahは、WindowsやmacOSもサポートしています。

Epsilon

Epsilon GCは、GCによるアプリケーション停止ゼロ、GCのためのCPU消費ゼロというGCで

表1 Javaで使えるガベージコレクタ

ガベージコレクション（GC）	特徴	導入バージョン
Serial GC	シングルスレッドでGCを行うコレクタ	1.3
Prallel GC	マルチスレッドでGCを行うコレクタ	1.3
CMS	アプリケーションと並行にGCの一部処理を行うコレクタ	1.4.1
G1GC	数十GBのメモリに対応したGC	1.7
ZGC	数TBのメモリにも対応したコレクタ	11
Shenandoah	レスポンス重視のコレクタ	12
Epsillon	なにもしないコレクタ	11

す。なぜなら、まったくガベージをコレクションしないからです。これもExperimentalとしてJava 12から導入されました。もちろん、実用的なプログラムを実行するとすぐにOut Of Memoryになって、アプリケーションが止まってしまいます。

では、何のために導入されたかというと、Java自体の開発時に機能の性能を計測する際にGCの影響を受けないようにするためということのようです。また、新しく独自のGCを実装する際の足がかりとしても便利です。

GCインターフェース

Java 11以降、3つのGCが立て続けに導入されました。また、CMSの削除も予定されています。このようなGCアルゴリズムの追加や削除を、ほかの部分に影響がないように行えるよう、GCの共通部分がJava 10で整理されています。

例外メッセージの変更

機能の変更というと地味ですが、例外の出力メッセージにも変更されたものがあります。

たとえば、配列に対して要素数を超えてアクセスしたときに`ArrayIndexOutOfBounds Exception`が発行されますが、メッセージは最低限でした（図9）。

Java 11からは`List`などの領域外アクセスで発行される`IndexOutOfBoundsException`と同じように、配列の長さも含んだメッセージが表示されます（図10）。

それから、Javaエンジニアなら一度は悩まされる例外に`NullPointerException`があります。`NullPointerException`が発生しても、メッセージには何も情報が含まれていないため、どの値が`null`だったかがソースを追うまでわかりません（図11）。発生個所を確認するために、いったん変数に割り当てたりした方も多いんではないでしょうか。

Java 14では、どの値が`null`だったのかがわかるようなメッセージが表示されるようになります（図12）。

Java 14では`-XX:+ShowCodeDetailsInExceptionMessages`を付けることで詳細メッセージが表示されるようになりますが、以降のバージョンでデフォルトで詳細メッセージが出るようになる

図9　ArrayIndexOutOfBoundsExceptionのメッセージは与えられた数値のみ

```
jshell> new int[]{1, 2}[3]
|  java.lang.ArrayIndexOutOfBoundsException thrown: 3
```

図10　ArrayIndexOutOfBoundsExceptionのメッセージで要素数も表示される

```
jshell> new int[]{1, 2}[3]
|  例外java.lang.ArrayIndexOutOfBoundsException: Index 3 out of bounds for length 2
```

図11　今までのNullPointerExceptionではどの値が原因で発生したかわからない

```
$ java Hello.java
Exception in thread "main" java.lang.NullPointerException
    at Hello.main(Hello.java:8
```

図12 NullPointerExceptionがどこで発生したかわかりやすくなる

```
$ java -XX:+ShowCodeDetailsInExceptionMessages Hello.java
Exception in thread "main" java.lang.NullPointerException:
  Cannot invoke "String.length()"
  because the return value of "Hello.foo()" is null
    at Hello.main(Foo.java:8)
```

ようです。また、このメッセージの生成は**getMessage**メソッドが呼び出されたときに行われるため、動作速度にはほとんど影響を与えません。JShellの場合は**-R-XX:+ShowCodeDetailsInExceptionMessages**をつけると有効になります。

ロギングの統一化

JVMでは、GCログやJITログなど、さまざまなログを実行時に出力します。しかし、Java 8までは機能ごとにログの出力書式や設定方法が違ったり、ファイルローテーションがあるのがGCログだけだったり、カテゴリやレベルの管理ができていなかったりと、扱いが非常に煩雑でした。

Java 9ではJEP 158として、JVMが出力するログが統一され設定や管理、解析がやりやすくなりました。たとえば、ログの設定はすべて-Xlogオプションで行います。詳しい利用法は、こちら

の資料[注1]などを参照してください。

Docker対応

Java 8の時代と実行形態で大きく変わったのは、DockerなどのコンテナでJavaアプリケーションを動かすことが広まってきたことです。

しかし、Java 9まではコンテナで設定したCPU数やメモリの制限が反映されず、コンテナを動かすマシンのCPU数やメモリを使ってしまっていました。

Java 10でDockerに対応し、コンテナで設定したCPU数やメモリの制限が反映されるようになっています。

また、この変更はJava 8にもバックポートされて、Java 8u191からはDockerの設定が正しく反映されます。

注1）https://www.slideshare.net/YujiKubota/unified-jvm-logging

1-6

ツールの追加・変更

きしだ なおき　*KISHIDA Naoki*
https://nowokay.hatenablog.com/　Twitter：@kis

JDKにはjavacコマンドやjavaコマンドをはじめ、Javaプログラムの開発や運用に使うさまざまなコマンドラインツールが含まれています。Java 9以降、このようなツールでも追加や機能変更、削除が行われています。

JShell

　Java 8までは、小さなコードを試すときにもJavaソースファイルに保存してコンパイル、実行という手順が必要でした。IDEを使うと手順自体は意識する必要がなくなりますが、ファイルに保存して実行というのはただ試すにしては面倒です。

　Java 9では、REPL（Read-Eval-Print Loop）ツールであるJShellが導入されたので、コードの動作を手軽に試すことができるようになりました。REPLとはコードを入力して結果を表示する

ことを繰り返すツールのことです。

　jshellコマンドで起動できます。JShellが起動すると、図1のように、[enter] キーを押すたびに入力した式が実行されます。

単一ファイルの実行

　Javaプログラムを実行する場合、javacコマンドでソースコードをコンパイルして、javaコマンドで実行する必要がありましたが、Java 11からは、単一ソースファイルのJavaプログラムを直接javaコマンドで実行できるようになりました。その際、実行するJavaソースのパッケージとフォルダやクラス名とファイル名の対応がついていなくても問題ありません。

　リスト1のようなJavaコードは本来「myapp」フォルダに入れる必要がありますが、単一ソースファイルとして実行する場合はどのようなフォルダに入っていても実行できます。

　リスト1のコードを「App.java」というファイル名で保存すると、次のようにjavaコマンドで直接実行できます。

図1　JShell

```
$ jshell
|  JShellへようこそ -- バージョン13
|  概要については、次を入力してください: /help
intro

jshell> 23 + 4
$1 ==> 27

jshell> new Date()
$2 ==> Sat Oct 26 16:30:05 JST 2019
```

リスト1　単一ソースファイルとして実行できるコード

```java
package myapp;
public class App {
    public static void main(String... args) {
        System.out.println("Hello");
    }
}
```

```
$ java App.java
Hello
```

また、リスト2のように先頭に#!でjavaコマンドのパスを指定しておくと、Shebangとして直接コマンドのように実行できます。Shebangは、シェルスクリプトなどテキストファイルに書かれたプログラムの先頭に#!とともにコマンド名を記述して、コマンドとして実行できるしくみです。macOSやLinuxではShebangが使えますが、残念ながらWindowsのコマンドプロンプトは対応していません。

ファイル名に拡張子「.java」を付けない場合は、**--source**でソースコードバージョンの指定が必要になります。そこでリストをファイル名「app」というファイル名で保存して実行権限を付けておくと、コマンドとして実行できるようになります。

```
$ chmod +x app
$ ./app
Hello
```

これで簡単なコマンドラインツールをJavaで書きやすくなります。ただ、コマンドパラメータの解析などではpicocli[注1]など専用のライブラリを使いたくなります。広く使ってもらうには、JVMのインストールの必要があることも不便です。本格的にJavaでコマンドラインツールを作る場合は、GraalVMのnative imageを使うほうがいいでしょう。

Flight Recorder

Java 7からOracle JDKには、Java Flight Recorder（JFR）というプロファイリング機能や

リスト2 Shebangとして実行できるコード

```
#! /usr/bin/java --source 14
package myapp;
public class App {
    public static void main(String... args) {
        System.out.println("Hello");
    }
}
```

Java Mission Control（JMC）というモニタリングツールが付属しています。このJFRやJMCは有償機能であったため、本番利用にはライセンス購入が必要でしたが、オープンソース化されてOpenJDKに寄贈されました。そして、JDK 11からはJFRは名前から「Java」が外れてFlight Recorderとして標準で含まれるようになっています。JMCはJDK Mission Control[注2]として開発されています。バイナリはダウンロードサイト[注3]で配布されています。

jpackage

Oracle JDK 8ではJavaFX用にJava Packagerというツールが付属して、Javaアプリケーションのインストーラを作成することができました。しかしOpenJDKにはJavaFXが含まれておらず、Oracle JDK 9からはJavaFXが外されたため、インストーラ作成ツールJava Packagerも含まれなくなりました。その代替となるインストーラ作成ツールがjpackageで、Java 14にIncubatorとして含まれます。

39ページのリスト1のリストのプログラムのインストーラを作ってみましょう。インストーラを作るにはJARファイルを作成する必要があります

注1）https://github.com/remkop/picocli

注2）https://openjdk.java.net/projects/jmc/
注3）https://jdk.java.net/jmc/

図2 JARファイルを作成

```
$ jar -cf target/app.jar App.class
```

図3 インストーラを作成

```
$ jpackage --name myapp --input target --main-jar app.jar --main-class App
```

図4 カスタムランタイムを指定

```
$ jpackage --name myapp --input target --main-jar app.jar --main-class App --runtime-image myjre
```

（図2）。実行可能Jarである必要はありません。

Jarができたら、`jpackage`コマンドでインストーラを作成します（図3）。

実行可能Jarを指定する場合、`--main-class`の指定は不要です。ここでは「myapp-1.0.exe」というファイル名で、47MBのインストーラが作成されます。

jlinkと組み合わせると、アプリケーションを実行するための最低限の実行環境を含んだインストーラを作成できます。jlinkで作成したカスタムランタイムを利用する場合は図4のように、`--runtime-image`を指定します。

ここでは、40ページで作成したカスタムランタイムを指定しています。すると、インストーラのサイズは28.5MBになりました。module-infoの含まれたJARファイルを指定した場合には、自動的にjlinkを使ったJDKが作成されて含まれます。

作成したEXEファイルを実行すると、インストールが行われます（図5）。Windowsでは、「--win-menu」オプションを指定するとシステムメニューに追加されます（図6）。この場合、「--win-menu-group＜グループ名＞」を指定するほうがいいでしょう。グループ名を指定しない場合はUnknownというグループが作られます。インス

トールしたアプリケーションは、「アプリと機能」からアンインストールできます（図7）。

Windowsのインストーラは Windows で、Mac用のインストーラはMacで作成する必要があります。Windowsでjpackageを使う場合はWiX Toolset[注4]をダウンロードしてパスを通しておく

注4） https://wixtoolset.org/

図5 インストール画面

図6 システムメニューに追加されている

図7 「アプリと機能」からアンインストールできる

必要があります。

javadoc

Java 9からはjavadocで生成されるHTMLド
キュメントも変わりました。大きな変更は、HTML
5の対応と検索がついたことです。もちろんモ
ジュールにも対応しています（**図8**）。Java 8の
APIを調べる場合も、Java 9以降のjavadocを使
うと便利です。

削除されたツール

代替が用意されたり需要がなくなったりしたも
のなど、削除されたツールもあります。

javah

JNIでネイティブライブラリを呼び出すときに、

Javaソースから Cヘッダファイルを生成する必
要がありますが、Java 8からはjavacコマンドに
-hをつけることで生成できるようになりました。
そのため、単独のツールであるjavahはJava 10
で削除されました。

native2ascii

propertiesファイルで日本語を使うときには、
ASCII形式に変換する必要がありますが、
IntelliJ IDEAなどのツールで編集すれば自動的
にASCII形式で保存されます。またMavenに
native2asciiプラグインも用意されています。そ
してJava 9ではpropertiesファイルをUTF-8で
記述できるようになりました。

これらから、native2asciiコマンドを使う場面は
ほとんどなくなったという判断で、Java 9からは
native2asciiコマンドは削除されました。

図8　モジュールに対応したJavadoc

VisualVM

Oracle JDKではJava 8で標準でプロファイラツールのVisualVMが添付されていましたが、OpenJDKには含まれず、またOracle JDKでもJava 9からは削除されました。サイト[注5]でダウンロードできます。

Java DB

Java DBはApache DerbyデータベースをOracleがサポートしたディストリビューションです。Java 8までOracle JDKに添付されていましたが、Java 9からは削除されています。Apache Derbyとして、サイト[注6]からダウンロードできます。

Pack200

Javaの初期では、ネットワークが56kbpsなどと遅く、Javaのダウンロードサイズは普及の妨げになっていました。そこで、JARファイルを効率よく圧縮するためのツールとしてPack200が導入されました。

しかし、現在ではネットワークは十分に速くなり、またJARファイルをまとめるツールとしてはモジュールベースのjmodが使われるようになっています。そのため、Java 14ではPack200は削除されます。

注5）https://visualvm.github.io/

注6）https://db.apache.org/derby/

## 第 2 章

JDKに関する疑問と不安解消!
JDKディストリビューション
徹底解説

Java開発や運用の基本となるJDK（Java Development Kit）が、Java 9の登場以降、さまざまなベンダからリリースされており、開発者はどれを使えば良いのか、運用まで含めてどのJDKを採用すべきなのか、わかりにくくなっている側面があります。本章では、こうした背景や状況を整理しつつ、主流であるOpenJDK with HotSpot JVMの各JDKディストリビューションを比較解説するとともに、読者が今後どのように開発や運用を進めていけば良いのかを説明します。

山田 貴裕　*YAMADA Takahiro*
https://yamadamn.hatenablog.com/　　Twitter：@yamadamn

2-1　JDKディストリビューション時代の到来
2-2　OpenJDKとJDKディストリビューションの歴史
2-3　OpenJDKを開発しているのは誰か
2-4　最新JDKディストリビューション大全
2-5　JDKディストリビューションの選び方
2-6　OpenJDKへの接し方

2-1 JDKディストリビューション 時代の到来

本章で紹介するJDKディストリビューション（単にJDKとも呼びます）と、これらのJDKに着目する理由について説明します。

まず、本章でおもに紹介するJDKディストリビューションは次のとおりです。

- Oracle JDK
- Oracle OpenJDK
- Red Hat OpenJDK
- Azul Zulu
- SapMachine
- BellSoft Liberica JDK
- AdoptOpenJDK with HotSpot
- Amazon Corretto

これらは、いずれも**マルチプラットフォームに対応しており、OpenJDKをベースにしている**のが共通点です。では、なぜマルチプラットフォーム対応のJDKに着目するのでしょうか。筆者としては大きく次の2点を挙げます。

- 手動でビルドするのは手間や動作保証などの観点から困難
- 各JDKベンダが提供に力を入れている

まず、OpenJDK自体のソースコードは公開されていますので、各自でダウンロードして、ビルドすることもできますが、とくに複数のプラットフォームに対応するには手間もかかります。Javaは開発環境とテスト環境・本番環境で異なるプラットフォームを利用することも多いでしょうが、その際に同一種類・バージョンのJDKを利用することで動作の差異を極力なくすことができます。

また、多くのサードパーティ製のJava関連製品は商用での利用時にテストなどを含めて動作保証しますが、手動でビルドしたものに対してではなく、既存の広く利用されているJDKに対して行うのが一般的です。

さらに、各JDKベンダが提供に力を入れているということは、とくにリリースの早さに現れており、Oracleが最初にリリースしたあとに、競ってリリースされるようになっています。ゼロデイ攻撃への対応を考慮したり、バージョンアップなどを計画したりする際に、リリースが早いのは望ましいと言えるでしょう。

逆に以前からLinuxの各ディストリビューションでも、それぞれのOS用のOpenJDKパッケージを入手できますが、若干古いことがあったり、パッケージ更新に依存したりしているため、利用するJDKバージョンを安定させたり、きちんとコントロールしたりしたい際には向いていないこともあります。

2-2

OpenJDKと
JDKディストリビューションの歴史

数多くのJDKディストリビューションが登場してきた背景として、歴史およびJava 8からJava 11での大きな転換を説明します。

OpenJDKの歴史

各JDKについて解説する前にOpenJDKの歴史を軽く紹介します。OpenJDKの歴史はかなり長く、2006年のSun Microsystems[注1]時代にJavaOneで発表があったときに遡（さかのぼ）ります。最初に当時開発中のJDK 7がOSS（Open Source Software）化され、途中からOpenJDK 6が派生した経緯があります。つまり、Oracle JDK 7からコードベースはOpenJDKに一本化されています（図1）。

JDKディストリビューションの歴史：前編

Sun JDK 6がリリースされてからOracle JDK 8がリリースされる当初までの7年3ヵ月で登場してきたJDKを図2にまとめましたので、見てみましょう。このころは3つの主要なJDKがありましたが、実質的にはSun/Oracle JDK一強でした。これは後述するように、Sun/Oracle JDKにのみ固有でOpenJDKにない機能があることや、それぞれのJDKバージョン（メジャーリリース）の間隔も長く、かなり長期間（おおむね4年程度）無償でアップデートが提供されていたためと考えられます。

注1） Javaを開発した企業で、2010年にOracleに吸収合併された。

図1　IPA資料『アプリケーション実行基盤としてのOpenJDKの評価』より

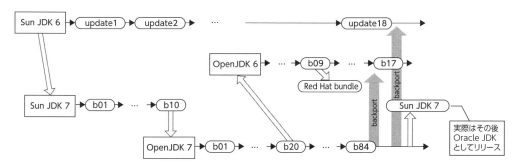

Red Hatは早くからOpenJDKプロジェクトに取り組み、2009年に同社のRed Hat Enterprise Linux（RHEL）で利用できるようになりました。IcedTeaプロジェクトでOpenJDKに足りない部分を補完しており、他のLinuxディストリビューションのOpenJDKパッケージがOSSのみでビルドできるようになったのもRed Hatの功績によるものです。

また、Azul Systems（以降、Azul）は、2013年のJavaOneでWindows用のOpenJDKビルドとしてZuluを発表しました。当時からMicrosoft Azureと提携していましたが、知名度はそれほど高くなく、多く使われることはなかったようです。

Java 8からJava 11で行われたJDKリリースモデルの変更

しかし、時代は変化していくもので、このあとの流れを見ていく際に、大きく3つのポイントが挙げられます。

- 進化への追従
- セキュリティ対応の重要性
- クラウドやコンテナ環境の台頭

これらへの対応をまとめて、ここでは便宜的に「JDKリリースモデルの変更」と呼びますが、実際には大きく3つの要素に分類されます。

- LTSとnon-LTSモデル
- 共有ランタイムではなくカスタムJRE推奨
- Oracle JDK/JREのライセンス変更

それぞれ見ていきましょう。

LTSとnon-LTSモデル

まず、Javaはこれまで他のプログラミング言語と比べて、進化が遅いと言われていましたが、Java 9からはこれを払拭すべく、LTSとnon-LTSモデルが採用されました。LTSはLong Term Supportの略で、おおむね4年以上のアップデートが提供されます。non-LTSの場合は半年（次のバージョンがリリースされるまで）です。近年はさまざまな製品が採用していますが、主要な言語処理系で取り入れたのは、Node.jsの次ではないでしょうか。これによりJavaは数年かけた

図2　JDKディストリビューションの歴史：前編

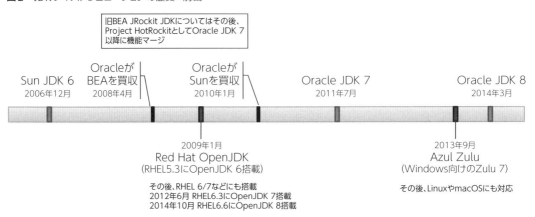

メジャーバージョンアップではなく、半年単位の機能リリースによって継続的に進化していくようになりました。

共有ランタイムではなくカスタムJRE推奨

従来、Sun/Oracleはjava.comサイトからJavaの実行環境であるPublic JRE（Java Runtime Environment）を配布して、多くのデスクトップ端末に共有ランタイムとして導入されてきました。しかし、2012年ごろ、つまりOracleによるSun買収後、Javaが長い停滞から前に進み始めたころに、セキュリティ上問題になることが増えてきました。とくにWebブラウザから起動されるJavaアプレットやJava Web Startは標的になることが多く、当時はJavaをデスクトップPCからアンインストールすべしとの論調になっていました。今では、Javaアプレットは、ほとんどのWebブラウザで利用できない状態になっています。脆弱性に対応するためには、バージョンアップが必要ですが、実質的にランタイムを共有するため、アプリとの依存関係上、バージョンアップが難しくなっていました。

こうした状態を避けるにはアプリがランタイムをバンドルして配布する方法が挙げられますが、JREもそれなりのサイズになります。そこでJava 9のモジュールシステム（Project Jigsaw）対応を機に、jlinkで必要なモジュールのみを取り入れたカスタムJREを作成できるようになりました。

これを利用することで配布するJREのサイズを削減できますし、不要なモジュールを外すことでセキュリティ的にも問題となるケースは減ることでしょう。JDK 14で試験的にパッケージングツールとしてjpackageが導入される予定で、普及するまでの当面は過渡期と言えますが、クライアントへの配布を考えると有力な手段となりそうです。

Oracle JDK/JREのライセンス変更

JDKに関して最も混乱を招いたのは、今までシェアが大きかったOracle JDK/JREのライセンス変更でしょう。ただ、旧Sun時代から使われていたBCL（Binary Code License）はJRE単独の再配布ができず、コンテナ環境でJREを載せて配布するような要望に応えられなくなっていました。このため、JDK 11以降ではLTSリリースを提供しつつ、商用利用を有償とするOracle JDKと、機能リリースで半年ごとにバージョンアップするOracle OpenJDKに、バイナリおよびライセンスともに分離されました。

こうした流れの背景としてはクラウド時代となり、これにOracleが乗り遅れてしまったことも影響として大きかったのでしょう。自社クラウドへの取り込みへの狙いもあるでしょうし、今まで一部の商用ユーザー以外には無償で提供してきたOracle JDK/JREをそのまま維持・拡張するには限界だったとも言えます。

これらはリリースモデルの変更と切り離しがたい面も大きかったため、当時、2018年前半くらいまではJavaコミュニティにおける有識者の間でも混乱が広がっていたと記憶しています。

Oracle JDK/JRE 8までとOpenJDKの違い

先のリリースモデルの変更の3要素と併せて、Oracle JDK 8とJDK 11には互換性の面で大きな溝があります。具体的には、JDK 11では、今

までおもにクライアント向けに提供されていた次の機能が削除されました。

- Javaプラグイン（アプレット）、Java Web Start
- Public JRE＋自動更新
- JavaFX（OpenJFXに移管）
- 32ビット版バイナリ（Windows、Linux）

このうち、Javaプラグインや自動更新を除いては他のJDKディストリビューションでおおむねカバーできますが、詳細は筆者のQiita記事[注2]から各注釈を参照ください。

また、モジュールシステムによる壁もかなり高いと言えます。これによって内部APIに対してのアクセスが制限されたり、Java 11以降ではJAXBなどJava EE関連のモジュールが削除されたりしたことで、ミドルウェアやJVM言語、ライブラリやフレームワークなど大きく影響を受けています。

しかし、今までOracle JDKの商用機能であっ

たFlight RecorderやMission Control、AppCDSなどをOpenJDKに寄贈し、フォントや描画などグラフィック関連のライブラリをサードパーティ製からOSSベースに変更したことで、Java 11以降はOpenJDKとOracle JDKが実質的に同一のものとなりました。これによって、今まで以上にOpenJDKが堅牢で規模も大きくなったと言えます。

こうした状況を図にまとめると図3のようになります。

つまり、OpenJDKを中心として各ディストリビューションが競う時代に変わったのです。

JDKディストリビューションの歴史：後編

2017年9月にJDK 9（Oracle JDK/Oracle OpenJDK）がリリースされてから、2019年4月までの1年7ヵ月の間に実に多くの動きが起きていますので、図4で整理します。

図の上部はおもにOracleを含む既存ベンダの

注2）https://qiita.com/yamadamn/items/bb813dccaa1dc5585c9b 「Oracle JDK 8にあってOpenJDKにない機能」

図3 JDK 11以降、大きくなったOpenJDKソースコードから各JDKが誕生している

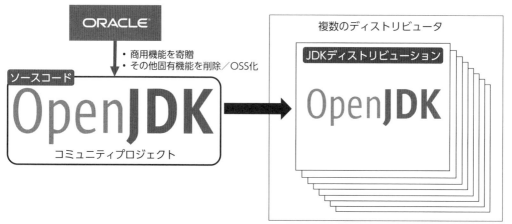

図4 JDKディストリビューションの歴史：後編

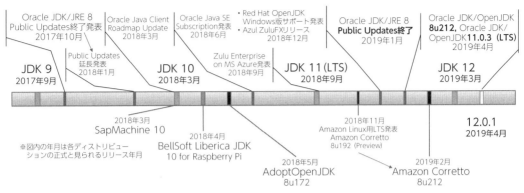

動き、下部は新たなベンダによるJDKリリースを示しています。

6ヵ月単位の機能リリースに変わってから、実質的に初のLTSリリースである**11.0.3**およびOracle JDKの商用向け**Public Updates終了**後の初の更新となる**8u212**が出るまで、非常に多くの動きがあったことがわかるでしょう。

とくに2018年11月のAmazon Correttoの発表に驚いた方も多いのではないでしょうか。これに応じて、Red HatやAzulなど既存ベンダも動きを変えてきたように見え、ちょうどOracle JDK 8のPublic Updatesが終了後にAmazon Corretto

が正式リリースされるなど、タイミング的に最大限の効果を得られるよう、準備を進めていたとも見受けられます。

そのあとに、執筆時点では2019年9月にJDK 13が予定どおりにリリースされており、またOracle製品全体のセキュリティパッチのタイミングと合わせて、四半期に1回アップデートがあるため、JDKもそれに応じて更新されています。以前の数年かけてのメジャーバージョンアップよりスケジュール的にも安定し、システムを構築・運用する際にも計画が立てやすい状態になったとも言えます。

2-3

OpenJDKを開発しているのは誰か

ここからは誰がOpenJDKを作っているか、つまりJavaの開発に貢献しているのは誰かを見ていきましょう。JavaやJDKを安心して利用できるのは、ここで紹介するベンダや個人の支えがあってこそです。ここでは各バージョンのJDK開発におけるIssueの解決・修正に貢献した組織の割合から、OpenJDKの開発状況をみていくことにします。

JDK 11～13の開発における貢献

まずは比較的最近のJDKであるバージョン11～13の初期リリースについて、Java Platform Group, Product Management Blog[注1]から引用します。開発作業が多数反映される初期リリースをみることで、開発の実情が探れるのではないかと考えます。

JDK 11

図1は、JDK 11の初期リリースにおいてIssueの解決・修正に貢献した組織の割合です。

Total Issue: 2,468に対し、修正割合は次のとおりでした。

1. Oracle（80％）
2. SAP（7％）
3. Red Hat（5％）
4. Google（3％）
5. 個人（2％）
6. BellSoft（1％）
7. IBM（1％）

JDK 12

図2は、JDK 12の初期リリースにおける修正割合です。

注1） https://blogs.oracle.com/java-platform-group/
注2） https://blogs.oracle.com/java-platform-group/building-jdk-11-together

注3） https://blogs.oracle.com/java-platform-group/the-arrival-of-java-12

図1 『Building JDK 11 Together』[注2]より

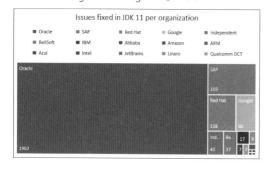

図2 『The arrival of Java 12!』[注3]より

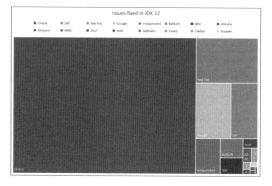

こちらはTotal Issue: 1,919に対して、修正割合は次のようになっています。

1. Oracle（75%）
2. Red Hat（8%）
3. Google（6%）
4. SAP（4%）
5. 個人（3%）
6. BellSoft（1%）
7. IBM（1%）

JDK 13

図3は、JDK 13の初期リリースにおける修正割合です。

Total Issue: 2,127に対して、厳密な割合はブログに記載されていないため、筆者が集計した内容で補正しますが、次のとおりでした。

1. Oracle（68%）
2. Red Hat（11%）
3. SAP（7%）
4. 個人（4%）
5. Google（3%）

これらを見ると圧倒的にOracleによる貢献、言い換えると投資がされていることがわかります。次にRed HatやSAP、そしてGoogleも大きく貢献しています。それ以外にもグローバルの大手IT企業が多く参加しており、**OpenJDKの実態はマルチベンダOSS**だということが見て取れるのではないでしょうか。これは、Java以外の言語処理系ではまず見られない非常に特徴的な点です。

なお、Oracleの割合は若干減りつつあります。これは今までより、Javaがオープンな状況になってきたことを意味すると筆者は肯定的にとらえていますが、Oracleの割合が最も多い状況は今後も当面はおそらく変化はないでしょう。

OpenJDK LTSアップデート

さて、ここまでは各バージョンの初期リリースを見てきましたが、とくに仕事で利用するには継続的にアップデートされることが重要です。これを把握するためにRed Hatの方が管理しているOpenJDK Backports Monitor[注5]のデータをもとに見ていきます。

以下は、OpenJDK Backports Monitorのデータをもとに筆者が集計したものです。

注4）https://blogs.oracle.com/java-platform-group/the-arrival-of-java-13

注5）https://builds.shipilev.net/backports-monitor/

図3　『The arrival of Java 13!』[注4]より

図4　OpenJDK 8u212における修正割合

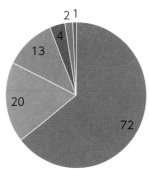

単位：Issue件数

■Red Hat ■Amazon ■Oracle ■SAP ■個人 ■Azul

図5　OpenJDK 8u232における修正割合

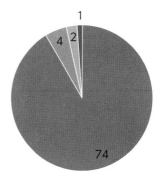

単位：Issue件数

■Red Hat ■Amazon ■IBM ■NTTデータ

OpenJDK 8u212〜232

アップデートリリースは、初期リリースと修正量に1桁程度の差があります。

図4は2019年4月の8u212、図5は2019年10月の8u232におけるIssueの修正割合です。

8u212はTotal Issue: 112に対し、修正割合は次のようになっています。

1. Red Hat（64.3%）
2. Amazon（17.9%）
3. Oracle（11.6%）
4. SAP（3.6%）
5. 個人（1.8%）
6. Azul（0.9%）

Red HatやSAP、Amazonの存在感が大きくなっていることがわかるでしょう。

2019年7月の8u222は4月とそれほど変わらないため割愛しますが、10月の8u232はTotal Issue: 81と減り、次のとおりでした。

1. Red Hat（91.4%）
2. Amazon（4.9%）
3. IBM（2.5%）
4. NTTデータ（1.2%）

これらは2019年4月以降、つまりOracle JDK 8のPublic Updatesが終了した以降であることに注意してください。

OracleのOpenJDK 8への修正が減少していますが、Oracle JDKとしての修正は別途プライベートリポジトリに対して行われています。つまりPublic Updates終了後にOracleは自社ビルドへの修正に注力しており、JDK 7までと同様です。

OpenJDK 11.0.3〜11.0.5

次に、OpenJDK中心となってから初のLTSであるJDK 11ではどうなったかを見てみます。

図6は2019年4月のOpenJDK 11.0.3、図7は2019年7月のOpenJDK 11.0.5におけるIssueの修正割合です。

11.0.3はTotal Issue: 185に対して、次の修正割合となっています。

図6 OpenJDK 11.0.3における修正割合

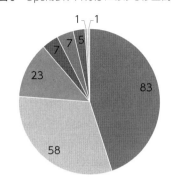

単位：Issue件数

■Red Hat ■SAP　■Oracle ■個人
■Google ■Amazon ■BellSoft ■Intel

1. Red Hat（44.9%）

2. SAP（31.4%）

3. Oracle（12.4%）

4. 個人（3.8%）

5. Google（3.8%）

6. Amazon（2.7%）

7. BellSoft（0.5%）

8. Intel（0.5%）

11.0.4は、先の8u222と同様に割愛します。11.0.5では、Total Issue: 247に対して次のとおりでした（図7）。

1. Red Hat（53.0%）

2. SAP（40.1%）

3. 個人（2.4%）

4. NTTデータ（1.4%）

5. Amazon（1.0%）

6. BellSoft（0.7%）

7. Google（0.7%）

8. Azul（0.3%）

9. IBM（0.3%）

図7 OpenJDK 11.0.5における修正割合

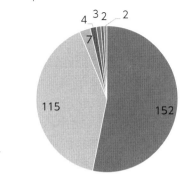

単位：Issue件数

■Red Hat　■SAP　■個人　■NTTデータ
■Amazon ■BellSoft ■Google

図8 OpenJDK 11.0.2における修正割合

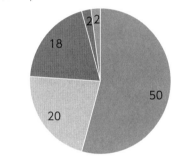

単位：Issue件数

■Oracle ■SAP　■Red Hat ■個人　■Google

OpenJDK 8u212～232と同様にRed Hatも大きいですが、SAPの存在感も大きいことがわかります。これもOracle JDK 11.0.3以降はプライベートリポジトリに修正を反映しているため、OpenJDK LTSとしての修正にはOracleは関与を減らしてきている様子が伺えます。

OpenJDK 11.0.2

少し遡って2019年1月にリリースされたOpenJDK 11.0.2の状況を見てみましょう（図8）。

Total Issue: 92に対して、次のとおりでした。

1. Oracle（54%）
2. SAP（22%）
3. Red Hat（20%）
4. 個人（2%）
5. Google（2%）

Oracleが半数以上の修正を行っていることがわかります。半年単位の機能リリースでは次の機能リリースが出るまで、2回アップデートが行われますが、この半年間はOracleが主導しています。つまり、Oracleは最新版OpenJDKの主導に注力し、OpenJDK LTSは他のベンダに委任しているとも言えるでしょう。

OpenJDK LTSがリリースされ見えてきたこと

2019年4月になってOracle JDKとOpenJDKともに8u212/11.0.3がリリースされましたが、ここが、かなり重要なポイントであったと筆者としては考えています。

Oracle JDK 8のPublic Updatesが終了してから初のアップデートであり、同時にOpenJDK 11としても半年単位の機能リリースに切り替わって、実質的に初のLTSが出たタイミングです。ここで見えてきたことは2点あります。

- Red HatがOpenJDK 8u212/11.0.3以降のLTSのアップデートを主導
- Oracle JDK 8u212/11.0.3とOpenJDK 8u212/11.0.3以降は似て非なるもの

まず先に述べたとおり、OpenJDK 8u212/11.0.3以降のLTSのアップデートはRed Hatが主導することになりました。従来もOracle JDK 7のPublic Updates終了後には、Red HatがOpenJDK 7の修正を主導しており、OpenJDK 8/11についても同様にバトンタッチしたのです。これについては『Red HatがOpenJDK 8/11 LTSの修正を主導することへの見解や反響』[注6]としてTogetterにまとめています。

また、もう1つ重要なのはOracle JDKとOpenJDKのそれぞれ8u212/11.0.3以降では同じバージョン番号のように見えても入っている修正が異なる点です。『OpenJDK 11.0.3/8u212 LTS以降でのリリースノートや脆弱性の追い方』[注7]および『改元(新元号)対応に見るOracle JDKとOpenJDKの攻防あるいは協力』[注8]としてこちらもTogetterにまとめていますので、よろしければ参照ください。

少しわかりづらいので、改元対応でのバックポートを例に説明します（図9）。

複数バージョンからなるプロダクトに関わった方であれば想像がつくでしょうが、まず開発中の最新版にコードが反映され、それからメンテナンスが続いている他バージョンへバックポートとして修正されます。デグレードを防ぐためにもそのようなケースが多いのではないでしょうか。

改元対応のときは、当時に最新版として開発中であったJDK 13にまず実装され、それから共通の修正としてJDK 12.0.1/12.0.2に反映されました。そしてOracle JDK 8u211/11.0.3以降、およびOpenJDK 8u212/11.0.3以降にもバックポートされました。図9のBackportsの箇所を見てわか

注6）https://togetter.com/li/1342856
注7）https://togetter.com/li/1342936
注8）https://togetter.com/li/1343228

るように、修正バージョンの見方が8と11で異なっていることにご注意ください。

このように改元対応やセキュリティ脆弱性など重大な修正は共通ですが、それ以外はOracle JDKとOpenJDK LTSで若干変わってきています。懸念される方もいるかもしれませんが、non-LTSを含む最新版は原則共通であり、JDKのIssue管理をするJava Bug System（JBS）を通じて状況も明らかなため分断を招くわけではありません（**図10**）。

また、JDKディストリビューション間でも独自機能・バックポートによる差異はもともとあるため、それほど大きな問題になることはないでしょ

う。

こうしたLTSリリースでの差異を見分けるには「java -version」などで確認できるビルド番号を参考にできます。ビルド番号≒該当バージョンでのソースコードのセットに付けるタグととらえてください。ただし、ビルド番号での識別はわかりづらいため、基本的にはOracle JDKとOpenJDK LTSでは、入っている修正が異なってくるとご理解ください。

OpenJDKを利用したビジネスモデルの変遷

これまで各ベンダがOpenJDKに貢献や投資

注9）https://bugs.openjdk.java.net/browse/JDK-8205432

図9 『[JDK-8205432] Replace the placeholder Japanese era name』注9 より

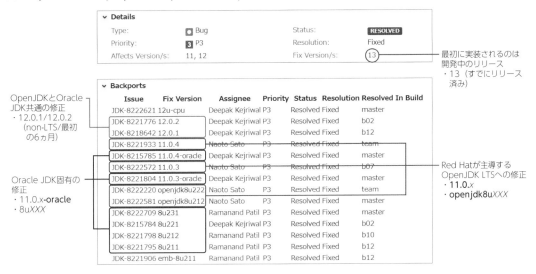

図10 LTSリリースはOracle JDKとRed Hat主導のOpenJDKで差異あり

している状況を見てきましたが、筆者はOSSを安定的に継続させるためには、ビジネスやマネタイズの側面とは切り離せないと考えています。

ここでは代表的なベンダとしてSun/OracleとRed Hatを例に、JDKを利用したビジネスモデルがどのように変遷してきたかを取り上げてみます。

Sun/Oracleによる JDKビジネス

まず、旧Sun時代にもJava SE for Businessとして長期サポートが提供されていましたが、そのあとにOracleによる買収があったので、それほど長続きしたわけではありません。

Oracleになってからは、Oracleが先に買収していた旧BEA SystemsのJRockit JDK固有機能をOpenJDKにマージしていくとともに、Java Flight Recorder（JFR、旧JRockit Flight Recorder）やJava Mission Control（JMC、旧JRockit Mission Control）などをOracle JDK独自の高付加価値機能としてJava SE Advancedにて有償で提供するようになりました。これは長期アップデートも提供するライセンス＋サポートモデルでした。

実質的に初のLTSであるJDK 11が出るタイミングまでで、こうした商用機能をOpenJDKに寄贈する代わりに、Java SE Subscriptionとして、比較的安価に長期サポートを提供するサブスクリプションモデルに切り替わったのです。

こうした影響が大きかったために、Javaが有償化されたと誤解を受けたのですが、Sunを買収してからの10年が、無償にもかかわらず手厚すぎたのではないかとも筆者は考えています。

Red HatによるOpenJDKビジネス

Red Hatは以前からOSSのサブスクリプション、とくにRed Hat Enterprise Linux（RHEL）によってビジネスを拡大してきましたが、こちらにOpenJDKの長期サポートを提供するとともに、素のOpenJDKでは足りない機能をIcedTeaプロジェクトで一部補完してきました。

Oracle JDKがOpenJDKに商用機能を寄贈していったのと歩調を合わせるかのように、Red HatもShenandoah GCというガベージコレクタをOpenJDKに寄贈しています。またJava Web StartのOSS実装であるIcedTea-WebのリポジトリをAdoptOpenJDK配下に移管して、開発を活発化させています。

それと併せ、開発者用に今まで提供していたWindows版のOpenJDKを商用でも正式サポートするためのサブスクリプションを提供するようになってきています。

JDKリリースモデル変更の正体

このように見ていくと、前節で取り上げたJDKリリースモデルの変更やOracle JDKのライセンス変更は、OpenJDKに対するビジネスモデルの変更と考えるとすっきりします。

とくに多くのJDKディストリビューションが出てきた現状は、ビジネスモデル的には他のベンダ（ディストリビュータ）に負荷分散することで、OpenJDKエコシステムを安定的に維持する狙いも大きいと筆者はとらえています。

JavaはOracleがほぼ単独で無償のまま支えていくには、あまりに大きくなり、限界が来ていたとも言えるでしょう。

2-4 最新JDKディストリビューション 大全

本節では、各JDKディストリビューションの特徴を見ていきます。JDKそのものだけではなく、併せてベンダの特徴を説明します。のちほど表にもまとめ、公式情報へのリンクを掲載しますので、最新情報や詳細はそちらからご確認ください。
基本的には初の正式リリースが出た順番で記載しますが、Oracle JDK・Oracle OpenJDKは関連性が深いため、続けて記載します。

Oracle JDK

最初に取り上げるのが、一番メジャーと言えるOracle JDKです。「Java」の商標を持つのはSunから引き継いだOracleであり、ロゴや名称に使えるのは基本的にOracle JDKのみのため、「Oracle Java SE」と説明されることもあります。特徴としては、次の点が挙げられます。

- 従来からのメインベンダであり、OracleはOpenJDKへの最大の貢献者
- ユーザーにとって慣れ・安心感があったが、ライセンス変更で大混乱が生じた
- 日本語を含めて情報量が最も豊富

前節までで見てきたように、従来はJavaと言えばOracle JDKしか知らない方も多かったようで、ライセンス変更は大きなインパクトを与えました。ただ、以前からJavaを維持・拡大できていたのは、Oracleによる貢献および投資が最も大きいと言えます。

Oracle JDK 11以降はOpenJDKと実質的に同一になりましたが、JDK 8まではプロプライエタリな固有機能も多いため、とくに商用でクライアント用途として利用する際には、安心感も含めて第一の候補に挙がるのではないでしょうか。

なお、Red HatがOpenJDKに寄贈したShenandoah GCは次のOracle OpenJDKも含めて無効化されています。

Oracle OpenJDK

JDKリリースモデルの変更とともに登場したOracleがビルドしたOpenJDKで、特徴としては次の点が挙げられます。

- 汎用プラットフォームで最新版へ追従
- アーリーアクセス版の評価・検証に利用
- インストーラなし（tar.gz/zip）

Linux、Windows、macOSの64ビット版のみに対応しており、またJDK 8までは対応していません。

Oracle JDKとほぼ同タイミングで正式リリー

スされますが、その前からアーリーアクセス（EA）版として、こまめにビルド・提供されるため、自力でビルドする方以外での評価や検証時には、最も使われるのではないでしょうか。とくにリリースモデルが変更されてから、半年単位で機能リリースが出るため、新しい機能を試して、フィードバックする際は、こちらを利用するのが良いと考えられます。

一番注意しなければならないのは、LTSがないため、業務で安定的にアップデートを利用したい場合には向いていない点です。最新版を常に利用できる際には問題ありませんが、追従できる環境は限定的と考えられます。それを除いてはOracle JDK 11以降と機能的に互換性が保たれており、個人学習用途では最適とも言えます。

ただ、他のJDKとは異なりインストーラがないため、開発者はともかく、エンドユーザー環境にインストールさせるのは難しいようにも考えられます。

Red Hat OpenJDK

ここでは「Red Hat OpenJDK」と呼びますが、Red Hatのサイトでは単にOpenJDKと記載されています。特徴は次のとおりです。

- Oracleに次ぐOpenJDKへの貢献者であり、以前からPublic Updates終了後に主導
- RHEL/CentOSで豊富な実績を持ち、従来はIcedTeaプロジェクトで機能拡張
- Windows版OpenJDKも正式サポート

Red Hatは2007年からOpenJDKプロジェクトに参画しており、古いバージョンであるOracle JDK 6/7のPublic Updates終了後には、Red HatがOpenJDKのアップデートを主導してきました。前節で見たようにOpenJDK 8/11も同様になりましたが、多くのJDKが今でも無償アップデートを利用できるのは、こうしたメンテナンスのおかげ、と言えます。

RHELだけではなく、CentOS用のOpenJDKソースコードもRed Hatがメンテナンスしており、OpenJDK 12から寄贈されたShenandoah GCもRHEL上のRed Hat OpenJDK 8/11ではExperimental（実験的）扱いではなく利用できます。

Windows版のRed Hat OpenJDKについては、以前は開発者向けの位置付けでしたが、現在は正式サポートされています。Java Web StartのOSS版代替となるIcedTea-Webも従来はRHEL向けに提供していましたが、Windowsユーザー向けに正式提供されるようになりました。ちなみに、IcedTea-WebのリポジトリはAdoptOpenJDKのGitHub配下に移管されました。

今のところmacOS版がないのが少し残念で、これからに期待したいところですが、コンテナ上で利用することで、ある程度は代替できます。

Azul Zulu

Azul Systems（以降、Azul）もRed Hatと同様に老舗のJDKベンダです。OpenJDK 7時代から参画しており、次のような特徴

があります。

- JDK/JVM専業ベンダで、異なるJVMである Azul Zingを持つ
- Microsoft Azureでは以前から利用され、商用のZulu Enterpriseを提供
- 以前は素のOpenJDKビルドに近かったが、最近は機能拡張やDocker対応を重視

Azulには、ZuluとZing（後述します）という2種類のJVMがあります。OpenJDK with HotSpot JVMに相当するのは前者のZuluで、組込み用のZulu Embeddedもあります。多くのベンダはJava以外にも複数の製品を扱いますが、AzulはJava/JVMに特化しています。

Azul Zuluは当初にWindows向けをターゲットとしてリリースされ、以前からMicrosoft Azure上など大規模な環境で使われてきました。商用ではZulu Enterpriseとしてサポート提供していますが、Zulu Community版でも無償で長期アップデートを提供しています。各JDKベンダは3年ごとにLTSリリースを提供しますが、Zuluではそれ以外の奇数リリース（13、15…）にもMTS（Middle Term Support）として中期サポートを提供するとしています。

以前にはOpenJDKの純粋なビルドと周辺ツールを提供していましたが、最近ではAlpine Linuxを含むDocker対応やJFR/JMCの独自バックポート、OpenJSSEを用いたTLS 1.3の実装など機能拡張に力を入れています。

製品として良くできている印象ですが、難点は企業規模や知名度の低さなどにあると筆者は感じています。

SapMachine

ここからはリリースモデルの変更後に登場してきたJDKを紹介していきます。

まず、最初に正式リリースされたのが、SAPが提供するOpenJDKビルドであるSapMachineで、次の特徴を持ちます。

- アーリーアクセス（EA）版を含めた最新リリースへの追従（JDK 8には対応していない）
- サーバサイドで実行するうえでの診断機能の強化
- もともとモニタリングに強いSAP JVMを別に持つ

SAPも以前からOpenJDKプロジェクトに参画しており、Oracle、Red Hatに続いて貢献しているベンダです。

SapMachineはOpenJDKの"friendly fork"としており、Oracle OpenJDKがアーリーアクセス（EA）を出すと、それに追従するようにEA版をリリースしています。JDK 8には対応していないのですが、リリースモデルの変更を最も歓迎しているのは、おそらくSAPではないかと筆者は考えています。

とくにサーバサイドでの利用を意識しており、ハングアップやスローダウンの診断に用いるJVMのスレッドダンプにCPU時間や割り当てたメモリ量を含めたり、一部のExceptionに追加情報を含めたりするなど診断機能を強化しています。

以前からSAP製品を利用するためのSAP JVMではサウンドなどのクライアント機能を除

外して、サーバサイドに特化していますので、これの後継がSapMachineであるとも言えます。

　知名度は低いものの、Docker公式イメージも提供されているので、このあたりの動向に今後は注目したいとも考えています。

BellSoft Liberica JDK

LIBERICA JDK

　続いて、BellSoftのLiberica JDKを紹介します。こちらも知名度は低いのですが、OpenJDKにはTop 5に入る貢献をしており、仕事抜きでは、筆者が個人的に一番推しているJDKディストリビューションです。

- AdoptOpenJDKに次ぎ、広範なプラットフォームに対応
- JavaFX/OpenJFXとの統合
- JetBrainsと戦略的提携

　最初にRaspberry Pi用が正式リリースされましたが、次に紹介するAdoptOpenJDKを除いては、今では最も多くのプラットフォームに対応しています。

　賛否はありますが、JavaFX/OpenJFXもバンドルしたFull版があり、手軽にJavaFXを利用したい環境では向いています。OpenJFXを含まないStandard/Lite版もあり、Docker対応も充実しているため、クライアントからサーバサイドまで幅広い用途で利用できます。

　また、開発ツールで有名なJetBrainsが提供するIntelliJ IDEA/Android StudioにはOpenJDK

ビルドとしてJetBrains Runtimeが含まれますが、こちらはBellSoftがOEM的に提供しています。

AdoptOpenJDK with HotSpot

AdoptOpenJDK

　London Java Community（LJC）を母体とするOpenJDKのディストリビューションで、次の特徴があります。

- ビルドファームによる広範なプラットフォームに対応
- コミュニティに最も近い存在で、スポンサーとも協力関係
- TCK/JCKを通せていないが、独自のテストスイートで対応

　AdoptOpenJDKは、もともとはOpenJDKを支援するための活動でしたが、Oracle JDKのライセンス変更がきっかけで、コミュニティを主体として比較的長期アップデートを提供するディストリビュータとしての位置付けが大きくなりました。

　広範なプラットフォームに対応するために、ビルドファームを構築しており、多くのスポンサーが協力しています。把握している限りの順ではIBM、Microsoft Azure、Azul、Pivotal、Red Hat、AWSなど、他のJDK提供ベンダも含めPlatinum Sponsorsとなっています。

　注意が必要なのは、Java SE準拠を認定するTCK/JCKを通せていないことです。いくつか理由がありそうですが、商用利用時にはTCK/JCKの取得にはかなり費用がかかるようで、スポンサー

シップで賄うのは難しい側面が大きいようです。

基本的にはOpenJDKをほぼそのままビルドしており、IBMから提供されたテストスイートを拡張して独自で品質保証をしています。そのため、互換性で大きく問題になることは考えづらいのですが、とくに受託開発時に利用するには、事前にお客様から合意を得ておかないと、契約面でのトラブルにつながりかねないため、注意したほうが良いでしょう。

Amazon Corretto

おもなJDKディストリビューションとして最後に紹介するのは、AWSがビルド・提供するAmazon Correttoで、次の特徴があります。

- AWSおよびJava Fatherのネームバリュー
- ドキュメントに力を入れている
- 独自バックポートが多めで、ダウンストリーム（LTS）に注力

今まで紹介してきたJDKの中では最も後発ですが、AWSのネームバリューや、Javaの父であるJames GoslingがAWSに在籍していることもあり、大きな話題となりました。

AWS内のサービスで使われてきたOpenJDKビルドをマルチプラットフォームに対応させたものですが、筆者としては、かなり戦略的に準備のうえリリースされたととらえています。

大手であるため、ドキュメントにもかなり力を入れており、日本語にも翻訳されますが、翻訳は

どうしても遅れがちなため、最新情報を確認するときは英語に切り替えたほうが無難でしょう。

もともとはAmazon Linux/2用に最適化していたこともあり、他のJDKと比べるととくにJDK 8では独自バックポートが多めなので、挙動差異に若干注意が必要ですが、こうした点もきちんとドキュメントに記載されています。

AdoptOpenJDKを除いた他のJDKベンダと比較すると、OpenJDK本体には今のところ貢献度は低いのですが、徐々に増やそうとしており、とくにサーバサイドで利用するには注目しておきたいJDKです。

その他注目しておきたいJDK

以上、筆者が注目しているおもなマルチプラットフォーム対応のJDKを紹介してきましたが、それ以外にもさまざまなJDKがありますので、現状主流のHotSpot JVMベースとそれ以外に分けて簡単に紹介します。

OpenJDK with HotSpot JVMベース

■各LinuxディストリビューションのOpenJDK

先にRed Hat OpenJDKについては紹介しましたが、それ以外の主要なLinuxディストリビューション、たとえばDebianやUbuntuなどもOpenJDKパッケージを利用できます。これらのサポート内容は、各Linuxディストリビューションのポリシーに依存します。

■国内ベンダJDK

富士通のInterstageや日立のCosminexusなど国産アプリケーションサーバ製品では、それぞ

れHotSpot JVMを独自に拡張しており、こうした製品を利用する際にサポートされます。

■Alibaba Dragonwell[注1]

Alibaba Cloud内で利用してきたOpenJDKのビルドをOSS化したもので、現状正式版として配布されているのはLinuxのJDK 8です。起動を高速化させるJWarmupやAzul Zuluとは異なる独自のJFRバックポートを実装しています。

■ojdkbuild[注2]

Red Hat OpenJDK Windows版のベースとなっており、GitHubで開発・提供されています。位置付け的にはRHELに対するFedoraのような扱いだと筆者はとらえています。

OpenJDK with *NOT* HotSpot JVM

■AdoptOpenJDK with OpenJ9[注3]

AdoptOpenJDKでは、先に紹介したHotSpot JVM以外にIBMがEclipse Foundationに寄贈したOpenJ9をバンドルするバイナリも用意されています。フットプリントが小さいとされ、Dumpエージェントなど問題判別機能も豊富ですが、HotSpot JVMとの互換性はなく、ツールセットも異なります。商用利用時はIBMが有償サポートを提供していますので、検討されたほうが良いでしょう。

■IBM SDK Java Technology Edition[注4]

以前はプロプライエタリ製品でしたが、2018年以降は先に説明したOpenJ9をベースに、IBM独自のJavaクラスライブラリを加えた構成となっています。一部のIBM製品を利用する際には、追加費用なくサポートされます。

■Azul Zing[注5]

AzulがZulu以前から提供している商用製品で、稼働させるのにライセンスファイルが必要です。Linux x64に特化し、C4 GCやFalcon JITで高速化をうたっています。JFRやjcmdなどHotSpot JVMベースのツールも一部利用できます。

■GraalVM[注6]

Oracleが中心に開発している多言語対応VMです。正確にはHotSpotベースでJITコンパイラが異なりますが、第5章で詳細に説明していますので、そちらを参照ください。

OpenJDKプロジェクトと各JDKの情報源

本節の最後にOpenJDKプロジェクトの動向把握用の基礎情報源や、各JDK情報を収集するための参照先を**表1**〜**表9**としてまとめますので、最新情報や詳細はそちらから確認してください。

とくに各機能リリースの新機能やスケジュールを追うには、JEPとJDK Projectを参照するのが確実です。また不具合や新機能の詳細を確認するには、前節の改元対応の例で示したJava Bug System（JBS）の情報を調べるのが良いでしょう。

注1）　https://github.com/alibaba/dragonwell8
注2）　https://github.com/ojdkbuild/ojdkbuild
注3）　https://adoptopenjdk.net/index.html?jvmVariant=openj9
注4）　https://www.ibm.com/support/knowledgecenter/ja/SSYKE2/welcome_javasdk_family.html
注5）　https://jp.azul.com/products/zing/
注6）　https://www.graalvm.org/

表1　OpenJDK Projectの動向把握用の基礎情報源

種類・名称	URL	用途・備考
Webサイト	https://openjdk.java.net/	OpenJDK開発者用のため、少し構成が複雑
JDK Enhancement Proposal (JEP)	https://openjdk.java.net/jeps/0	JDKバージョンごとに入る機能確認。2011年に策定され、JSRを牽引
JDK Project	https://openjdk.java.net/projects/jdk/	JDKリリース時期と含まれるJEPを記載
OCTLA Signatories List	https://openjdk.java.net/groups/conformance/JckAccess/jck-access.html	Javaの正式実装を証明する技術互換キット（TCK/JCK）にアクセスできる署名者一覧
Twitter	@OpenJDK	
メーリングリスト (ML)	https://mail.openjdk.java.net/	興味があるトピックを参照・購読・投稿
Java Bug System (JBS)	https://bugs.openjdk.java.net/	JIRAによるIssueのトラッキング（Bugだけでなく、機能拡張や互換性確認なども含む）
ソースコード管理	https://hg.openjdk.java.net/	Mercurialにて管理。Project SkaraにてGitHubへの移行も検証中 https://github.com/openjdk

表2　Oracle JDK

一般向け情報	種類・名称	参照先
導入・運用	ドキュメント	https://www.oracle.com/technetwork/jp/java/javase/documentation/api-jsp-316041-ja.html（Oracleだけではなく他のJDKを使う場合も必要）
	リリースノート	https://www.oracle.com/technetwork/java/javase/jdk-relnotes-index-2162236.html
	脆弱性関連	https://www.oracle.com/security-alerts/
	ライフサイクル	https://www.oracle.com/technetwork/jp/java/eol-135779-ja.html
	動作環境	https://www.oracle.com/technetwork/jp/java/javaseproducts/documentation/index.html#sysconfig
動向把握	Twitter	@Java（OracleだけではなくJavaの各種情報源）
	Blog	https://blogs.oracle.com/java-platform-group/
ダウンロード	個人・開発用	https://www.oracle.com/java/technologies/javase-downloads.html ※要アカウント認証（java.comのJREは現状認証不要）
	商用でOracle製品の契約者向け	https://support.oracle.com/epmos/faces/DocContentDisplay?id=1439822.1
ライセンス ※組込み用途はもともと開発無償、配備はロイヤリティが必要	Oracle Binary Code License (BCL for Java SE)	https://www.oracle.com/downloads/licenses/binary-code-license.html ※〜JDK 10、〜8u201/202
	Oracle Technology Network License Agreement (OTNLA) for Oracle Java SE	https://www.oracle.com/downloads/licenses/javase-license1.html ※JDK 11〜、8u211/212〜

表3　Oracle OpenJDK

一般向け情報	説明
導入・運用	Oracle JDKと同じだが、**ライフサイクルは半年のみ**（次期機能リリースまで）
動向把握	Oracle JDKと同じだが、ダウンロードページからも各種リンクあり
ダウンロード	https://jdk.java.net/ ※JDK 9〜。認証不要
ライセンス	GPLv2 + Classpath Exception (GNU General Public License, version 2, with the Classpath Exception) [参考] OpenJDKソースコードと同じ：https://openjdk.java.net/legal/gplv2+ce.html

表4　Red Hat OpenJDK

一般向け情報	種類・名称	参照先
導入・運用	ドキュメント	https://access.redhat.com/documentation/en-us/openjdk/ ※Windows用で現状英語のみ。JBossユーザー向けにRHELでのインストールガイドは別途あり
	リリースノート	
	ライフサイクル	https://access.redhat.com/articles/1299013
	動作環境	※日本語翻訳はhttps://access.redhat.com/ja/articles/1457743
動向把握	Twitter	@rhdevelopers（他、個人アカウントも適宜確認）
	Blog	https://developers.redhat.com/blog/category/java/
ダウンロード	開発者用	https://developers.redhat.com/products/openjdk/download/ ※Windows版で要アカウント認証
	商用	https://access.redhat.com/jbossnetwork/restricted/listSoftware.html?product=core.service.openjdk&downloadType=distributions ※JBoss製品などのサブスクリプション必要。別途RHEL用のyumリポジトリあり
ライセンス	GPLv2 + Classpath Exception	

表5　Azul Zulu

一般向け情報	種類・名称	参照先
導入・運用	ドキュメント	https://docs.azul.com/zulu/zuludocs/
	リリースノート	https://docs.azul.com/zulu/zulurelnotes/
	ライフサイクル（Zulu Enterprise）	https://www.azul.com/products/azul_support_roadmap/
	ライフサイクル（Zulu Community）	https://www.azul.com/products/zulu-community/
	動作環境	https://www.azul.com/products/zulu-enterprise/supported-platforms/
動向把握	Twitter	@AzulSystems
	Blog	https://www.azul.com/blog/
	GitHub	https://github.com/zulu-openjdk ※現状、ほぼDockerfile用
ダウンロード	Zulu Community	https://www.azul.com/downloads/zulu-community/ ※認証不要
	Azure利用者向け	https://www.azul.com/downloads/azure-only/zulu/
ライセンス	GPLv2 + Classpath Exception	

表6　SapMachine

一般向け情報	種類・名称	参照先
導入・運用	ドキュメント	https://github.com/SAP/SapMachine/wiki
	リリースノート	（見当たらず）※基本はOracle OpenJDKやAdoptOpenJDKと同じはず
	ライフサイクル	https://github.com/SAP/SapMachine/wiki/Security-Updates,-Maintenance-and-Support
	動作環境	https://github.com/SAP/SapMachine/wiki/Certification-and-Java-Compatibility
動向把握	Twitter	@SweetSapMachine
	GitHub	https://github.com/SAP/SapMachine
ダウンロード		https://sap.github.io/SapMachine/ ※認証不要(GitHubからダウンロード)
ライセンス	GPLv2 + Classpath Exception	

表7 BellSoft Liberica JDK

一般向け情報	種類・名称	参照先
導入・運用	ドキュメント	各リリースのダウンロードページから「Installation Guide」参照
	リリースノート	各リリースのダウンロードページから「Release Notes」参照 ※修正内容はOracle JDKのリリースノートにリンク
	ライフサイクル	https://bell-sw.com/support
	動作環境	リリースノート参照
動向把握	Twitter	@bellsoftware
	Blog	https://bell-sw.com/blog/
	GitHub	https://github.com/bell-sw/Liberica
ダウンロード		https://bell-sw.com/ ※認証不要
ライセンス	GPLv2 + Classpath Exception	

表8 AdoptOpenJDK with HotSpot

一般向け情報	種類・名称	参照先
導入・運用	ドキュメント	https://adoptopenjdk.net/installation.html
	リリースノート	https://adoptopenjdk.net/release_notes.html
	ライフサイクル	https://adoptopenjdk.net/support.html
	動作環境	https://adoptopenjdk.net/supported_platforms.html
動向把握	Twitter	@adoptopenjdk
	Blog	https://blog.adoptopenjdk.net/
	GitHub	https://github.com/AdoptOpenJDK/openjdk-build
	Slack	https://adoptopenjdk.net/slack
ダウンロード		https://adoptopenjdk.net/ ※認証不要（GitHubからダウンロード）
ライセンス	GPLv2 + Classpath Exception	

表9 Amazon Corretto

一般向け情報	種類・名称	参照先
導入・運用	ドキュメント	https://docs.aws.amazon.com/corretto/
	リリースノート	https://docs.aws.amazon.com/corretto/latest/corretto-8-ug/doc-history.html ※Amazon Corretto 8 https://docs.aws.amazon.com/corretto/latest/corretto-11-ug/doc-history.html ※Amazon Corretto 11
	ライフサイクル	https://aws.amazon.com/corretto/faqs/#support
	動作環境	https://aws.amazon.com/corretto/faqs/#Using_Amazon_Corretto
動向把握	Twitter	@AWSOpen
	Blog	https://aws.amazon.com/blogs/opensource/category/devops/aws-java-development/
	GitHub	https://github.com/corretto/
ダウンロード		https://aws.amazon.com/corretto/ ※認証不要
ライセンス	GPLv2 + Classpath Exception	

2-5 JDKディストリビューションの選び方

前節で一通りマルチプラットフォームに対応したJDKを説明しました。ここからは実際に商用で利用するにあたり、どのJDKを選んでいけば良いのかを判断する材料や指針を説明します。

まず、各JDK陣営がどうなっているか、イメージを**図1**にマッピングしてみましたので、確認ください。繰り返しにはなりますが、セキュリティ脆弱性など重要な修正はOracle JDK、OpenJDK LTSともに共通していますので、安心してくださ

い。Oracle JDKとOpenJDK LTSを近づけるよう努力や協力もされているようです。

図2にグローバルでのJVMエコシステムアンケートを引用します。2018年時点の情報ですが、Oracle JDKが圧倒的なシェアを獲得していたこ

注1) https://snyk.io/blog/jvm-ecosystem-report-2018/

図1　Oracle JDK陣営とRed Hat主導のOpenJDK LTS陣営（イメージ）

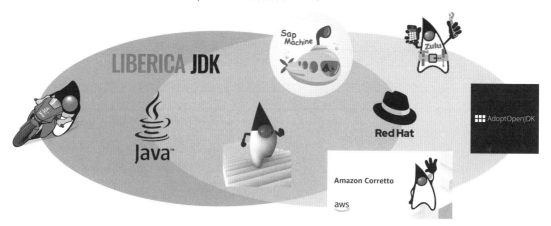

図2　『JVM Ecosystem Report 2018』（2018年10月レポート）注1より

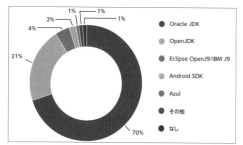

主たるアプリケーション製品で
どのJavaベンダのJDKを商用で使いますか?

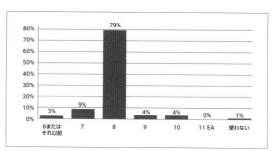

主たるアプリケーション製品で
どのJava SEバージョンを商用で使いますか?

とがわかります。JDK 11が正式リリースされる前に実施されたようであり、Oracle JDK 8ライセンス変更前でもあったため、このような結果であったと推察されます。

2019年にも同様のアンケートは実施されており、本書執筆時点でまだ結果は出ていませんが、大きく変わってくると想定されます[注2]。

日本での状況も見てみましょう。**図3**は筆者がTwitterでとった簡易的なアンケートであり、かなりの偏りがあると想定されますが、Oracle JDKと同じくらいにAdoptOpenJDKを選択している方が多いのもわかります。

Oracle OpenJDKを選択した方も多かったのですが、すでに説明したようにLTSはありません。LTSが必要になった際にOracle JDKに切り替えることも検討されているのかもしれませんが、最新版を利用できる方以外は注意されたほうが良いでしょう。それ以外の選択肢を選ばれた

方もいましたが、考察については別途まとめています[注3]ので、よろしければそちらも参照ください。

判断軸

実際にJDKを選択するにあたっては、いくつかの判断基準が必要ですが、大きく3つの軸に分けてとらえると良いと考えています。

1. サポート
2. 使いやすさ
3. どこで運用するか

それぞれを解説するとともに、筆者の調査内容や経験から各JDKを比較した例も掲載しますので参考にしてください。

▌サポート

まず、サポートというと更新版（アップデート）

注2）本文には反映できませんでしたが、https://snyk.io/blog/jvm-ecosystem-report-2020/ として結果が出ています。Oracle JDK:34%, AdoptOpenJDK:24%, Oracle OpenJDK:15%のようになっています。

注3）https://togetter.com/li/1376545 「（2019年7月時点）Java/JVM言語を商用で使っている方向けのアンケートと考察まとめ」

図3 （2019年7月時点）Java/JVM言語を商用で使っている方向けのアンケート

Q1. 回答者の立場

42%	自社サービス（Web系含む）・製品開発
46%	SI・受託開発（SES含む）
3%	インフラ構築・運用
9%	その他（教育、サポートなど）

144票・最終結果

Q2. メインで利用するJDKバージョン

62%	8(LTS)
26%	11(LTS)
7%	最新に追従（non-LTS含む）
5%	その他（7以前）

146票・最終結果

Q3. メインで利用するJDKの種類

30%	Oracle JDK
27%	Oracle OpenJDK
30%	AdoptOpenJDK
13%	Amazon Coretto

135票・最終結果

Q4. どこでJDK/JVMを実行するか

49%	サーバー（クラウド・コンテナ含む）
44%	サーバー（オンプレミス・コンテナ含む）
6%	クライアント（PC）
0%	組み込み・モバイル

144票・最終結果

Q5. JDK/JVMの商用サポートの必要性

17%	必要・あったほうが安心
51%	なくてもよい（更新版のみ入手できればよい）
13%	不要（自社/自力でなんとかする）
19%	お客様環境・状況次第

138票・最終結果

を入手できるかのみ気にする方も多いのですが、大きくは次の要素から成り立ちます。

- アップデート提供期間（EOL）
- 商用サポート（おもにテクニカルサポート）
- 関連製品との動作保証

　商用サポートは、おもに利用方法やトラブル時などの相談窓口です。自力で解決できるスキルをお持ちの方ばかりではないので、あったほうが良いと考える方もいるでしょう。独自ナレッジベースなども含むのが一般的です。Java/JVMは、ITシステムを支える大きなインフラでもあり、たとえるなら保険のようなものと考えると良いかもしれません。

　また、Javaをベースとする製品は数多くあるため、各JDKにそれほど大きな違いがないといっても、どのJDKでテストして動作保証（サーティファイ）するかを決める必要もあります。これはシェアや各ベンダとの関係性などにもよるところで、戦略的に判断されるものです。もちろん、製品によってはJDKの種類ではなく、Javaバージョンのみで動作保証するような場合もあるため、一概には言えません。

　表1にて判断軸による比較ができるようにしていますが、少々解説を加えます。まず、EOL（End Of Life）については、本書執筆時点の情報であり、今後延長される可能性がありますので、前節に付記した各製品のライフサイクル情報のリンクを適宜参照ください。

　商用サポートがあるJDKは、そのEOLを記載しましたが、Oracle JDK/Azul Zulu/Liberica JDK以外は、基本的にRed Hat主導のOpenJDK LTSのアップデートに依存していることがわかるのではないでしょうか。

　なお、2020年4月から、日本では民法改正を控え、従来の瑕疵担保責任から、契約不適合責任に大きく変わります。受託開発では長期的な品質観点から、EOLの長い製品や商用サポートを検討されたほうが、リスクヘッジするうえで、今までより重要になる可能性が高いと筆者は考えています。

　また、動作保証については、既存のOracle JDKやAzul Zuluがシェアや他社との提携関係の面では強そうですが、将来はどうなるか何とも言えません。AdoptOpenJDKもかなり使われてきており、動作保証する製品も出てきていますが、関連製品ベンダではJDK自体の使い方や問題をそ

表1　判断軸による比較（例）－ サポート

ディストリビューション	8 (LTS) EOL	11 (LTS) EOL	13 EOL (non-LTS)	商用（技術）サポート	関連製品の動作保証	備考
Oracle JDK	2030年12月	2026年9月	2020年3月	多言語	S	既存では強いが、今後不明
Oracle OpenJDK	–	~~2019年3月~~	2020年3月	–	B	追従できる環境は限定
Red Hat OpenJDK	2023年6月	2024年10月	–	多言語、英語	B	Windows対応で増える？
Azul Zulu	2026年3月	2027年9月	2023年3月	英語	A	奇数リリースで商用はMTS
SapMachine	–	2022年9月	2020年3月	–	?	SAP製品内に限定？
BellSoft Liberica JDK	2026年1月	2027年3月	2020年3月	英語	?	知名度はまだ低い
AdoptOpenJDK	2023年9月	2022年9月	2020年3月	多言語 ※IBM	A	利用増加したが、TCKが難点
Amazon Corretto	2023年6月	2024年8月	–	多言語 ※AWS	B	一定のシェア確保

れほどサポートしないでしょうから、念のためご注意ください。

使いやすさ

次に使いやすさについて、いくつかの面から取り上げます。

- インストーラ
- 開発環境
- コンテナ対応
- 知名度

開発者にとってインストーラはそれほど重要ではないでしょうが、とくに初学者やエンドユーザー環境にインストールしてもらう場合には、基本的にあったほうが便利でしょう。

次に、開発環境での扱いやすさは、開発者にとって非常に重要です。SDKMAN!注4やScoop注5

注4）https://sdkman.io/
注5）https://scoop.sh/

のようなパッケージマネージャだけではなく、Dockerをはじめとするコンテナを利用して開発・検証するケースも最近は増えてきたと感じています。

そして、意外と重要だと筆者が考えているのが知名度です。お客様に説明して理解を得ることや、他の人が使っている・知っているから安心といった感覚は、比較的重視されることが多いのではないでしょうか。

これらも筆者が検証などした結果から一覧として整理してみます（**表2**）。

いくつか解説が必要と考えられますので、説明します。まず、JDK 8のインストーラは、既存のWindow用Oracle JRE 8との互換性を基準に評価しました。インストーラの役割はPATHやJAVA_HOME環境変数の設定、jar拡張子の関連付けやレジストリ登録、オプションコンポーネントのインストールが挙げられます。

これに対し、JDK 11のインストーラはどれだけ多くのプラットフォームに対応しているかに注目し

表2 判断軸による比較（例）– 使いやすさ

ディストリビューション	インストーラ 8	11	SDKMAN! & Scoop	コンテナ（Docker）	知名度	備考
Oracle JDK	S	A	B	B	S	Docker対応はServer JRE 8とJDK 11でベースOSはOracle Linux
Oracle OpenJDK	–	–	S	A	A	LTSはないが、最新版を利用可能
Red Hat OpenJDK	A	B	–	B	B	再配布自由なUniversal Base Image（UBI）に今後注目
Azul Zulu	B	S	A	S	B	インストーラ・Dockerなども各種環境に注力
SapMachine	–	A	A	A	–	Docker公式イメージもあり（ベースOSはUbuntu）
BellSoft Liberica JDK	A	S	A	S	–	AlpineのDockerイメージはかなり軽量
AdoptOpenJDK	B	A	S	S	A	IDEバンドルも含めて一通り利用可能
Amazon Corretto	A	A	A	A	A	DockerのベースOSは基本的にAmazon Linux 2（Alpine対応は保留されている）

ました。基準が異なりますので注意してください。

コンテナ対応としては、Dockerが主流ですがRed HatについてはRHEL 8からはPodman[注6]を採用しています。現状はDockerコマンドと互換インターフェースがあり、同様に利用することもできます。

なお、知名度は、過去に実施したアンケートやGitHubのIssue登録数、Google検索ヒット数・トレンドなどから多角的に判断してみました。

どこで運用するか

さて、一番肝心なのは最終的にどの環境をターゲットとするかです。本章のはじめに述べたように、基本的に開発環境～本番環境まで同一のJDK種類・バージョンで合わせておいたほうが、挙動の差異は少なくできます。

大きく分けて次の環境が考えられます。

● サーバ（クラウド、オンプレミス）
● クライアント
● コンテナ
● 組込み

まず、現在のJavaの主戦場はサーバサイドです。すでに見たように、Oracle JDK 11からはアプレットやJava Web Startなどのクライアント機能は廃止されており、かつて「Write once, run anywhere」とうたわれた役割は縮小しています。とくにクラウド全盛期でもあり、主要なパブリッククラウドではすべてJavaが広く使われているような状況です。

とはいえ、もちろん既存資産なども考慮すると、

クライアント環境で動作するJavaも一定の需要はあります。有名なところでは人気のゲームMinecraft（のオリジナルバージョンであるMinecraft Java Edition）や無償で使えるオフィスソフトLibreOfficeでもJavaが使われていますし、開発者が利用するIDEでも当然ながら利用されます。

コンテナについてはすでに取り上げていますが、開発環境～本番環境まで、すべてDockerを利用して可搬性を高めるケースも増えてきているため、ここでもあらためて掲載します。

そして、Blu-rayプレーヤーなどの組込み用途でもJavaは使われていますが、ほかにも最近はRaspberry Pi/Raspbianなども人気がありますので、こうした対応状況をまとめてみました（表3）。

まず、大手クラウド環境にはJavaのサポートが含まれますので、そちらを検討いただくのが良いでしょう。もちろんEOL（End Of Life）や商用サポート、動作保証など対応レベルは異なりますので、それらの点を考慮すると別の選択肢も出てきます。

オンプレミスのサーバ環境で動作させる場合、対応OSしだいで、とくにいずれでも問題ないでしょうが、TLS/SSL用のルートCA証明書（cacerts）の違いやタイムゾーンデータベース（tzdb.dat）のメンテナンスに注意が必要なケースもあります。

クライアント環境は、既存環境との互換性を重視する場合は、現状はjava.comからダウンロードできるOracle JRE 8が妥当と考えられます。アプレットやJava Web Startを除いては、他のJDKでも十分利用できますが、とくにJDK/JRE

注6）https://podman.io/

表3 判断軸による比較（例）- どこで運用するか

ディストリビュー ション	クラウド	オンプレミス	クライアント	コンテナ	組込み	備考
Oracle JDK	OCI	A	S	B	A	クライアント用のJava Web Start（アプレットは非推奨）
Oracle OpenJDK	(any)	A	–	A	–	最新版はコンテナに適す
Red Hat OpenJDK	OpenShift	A	A	B	B	IcedTea-Web for Windows も正式サポート
Azul Zulu	Azure	A	B	S	A	OpenJFXバンドル版やIcedTea-Webも使われる？
SapMachine	(any)	A	–	A	–	基本はサーバ環境用途
BellSoft Liberica JDK	Yandex	A	A	S	A	JavaFX/OpenJFXバンドル
AdoptOpenJDK	(any)	A	A	S	A	IcedTea-Web for Windows バンドル（オプション）
Amazon Corretto	AWS	A	–	A	–	8のみOpenJFXバンドルだが、古いこととWebKitまわりで難あり

8までは、フォントやグラフィック関連ライブラリに違いがあることにも注意してください。

コストをどう考えるか

Javaに限らずですが、開発したITシステムは短期〜長期間運用され、コストは環境・状況しだいで大きく変わるものです。いずれのJDKも開発用途や個人利用は基本的に無償ですし、条件次第でコストを抑えられます。

ライセンス変更があったOracle JDKもOracle IaaSであるOracle Cloud Infrastructure（OCI）や多くのOracle製品で使う場合、追加費用はかかりません。

Red Hat OpenJDKもテクニカルサポートを含む商用利用はサブスクリプションが必要ですが、RHELやJBoss Middleware製品とともに使う場合は追加費用がかかりません。またコンテナ用のUniversal Base Imageであれば無償利用も可能であるなど、特徴を見極める必要があります。

図4 ITライフサイクルと継続的改善

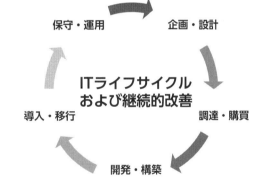

そして、大原則として、コストはITライフサイクル（図4）を通じて考える必要があります。

調達・購買の直接費用に目がいきがちですが、開発〜運用時を含めトラブル時などの対応コストも考慮に入れなければなりません。すべて自力で解決できるのであれば、無償利用できるJDKを利用しても問題ないでしょうが、人を育てるのも、できる人を雇うのもコストはかかります。

いずれにせよ、バランスの見極めや何かしらのトレードオフは必要ですので、一概に有償だから良くない・無償だから良い、というわけではありません。費用対効果を考えて、有償サポートが

79

あるJDKを選ぶことも検討いただいたほうが良いでしょう。

　OpenJDKは非常に高度で巨大なソフトウェアでもあるため、開発者であれば、それを作ったり改善するのに、かなりの技術力や労力が必要となることも想像がつくのではないでしょうか。

　もちろん無償版JDKを利用する場合でも、ビルドしてテストし、配布環境を維持するだけでも相当のコストがかかりますので、誰がどのような理由でそれを負担しているか、頭の片隅にとどめたほうが良いと筆者は考えています。

JDK別のオススメ用途・マトリクス

　これまでの内容をもとに、JDK別にオススメの用途を**表4**にまとめました。筆者の主観がかなり入っていますが、よろしければ参考にしてみてください。一般的に多くのケースで基準となりそうな、サーバサイド・クライアントサイド、および有償サポート・無償アップデートを軸としたマトリクス（**図5**）も整理しましたので、併せて参考にしてみてください。

　なお、現状のJavaの主流であるサーバサイドにおいて、第3章で紹介するJava EE/Jakarta EE対応している商用製品にはJDKのサポートが基本的に含まれます（**表5**）。プラットフォームにもよりますが、一貫してサポートを受けられることが多いため、最優先で検討されると良いでしょう。

　また、今まで紹介していない中ではTomcat/

表4　JDKオススメ用途

ディストリビューション	向いている用途
Oracle JDK	Oracle製品全般、クライアント(JRE 8)
Oracle OpenJDK	個人学習・趣味、最新版の利用、コンテナ
Red Hat OpenJDK	JBoss/Tomcat、コンテナ(Podman)
Azul Zulu	Azure、コンテナ、組込み
SapMachine	SAP製品、サーバサイド全般、コンテナ
BellSoft Liberica JDK	何でも(JWSやマイクロサービス以外)
AdoptOpenJDK	教育／研修、ゲーム、自社サービス／製品
Amazon Corretto	AWS、サーバサイド全般

図5　JDKオススメMap（超主観）

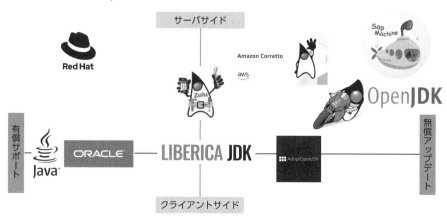

表5　Java EE/Jakarta EE対応製品に含むJDKサポート例

Java EE/Jakarta EE対応製品	JDKディストリビューション
Oracle WebLogic Server	Oracle JDK
Red Hat JBoss Enterprise Application Platform	Red Hat OpenJDK
IBM WebSphere Application Server/Liberty	IBM SDK Java Technology Edition
Payara Server & Payara Micro	Azul Zulu
FUJITSU Software Interstage Application Server	FJVM

Spring FrameworkとOpenJDKビルドのセットに商用サポートを提供するPivotal Spring Runtimeもありますので、状況に応じて利用を検討してください。

2-6

OpenJDKへの接し方

OpenJDKやJDKディストリビューションへどう接していけば良いか、筆者なりの考えをまとめます。これまでのOracle JDK一強時代ではなく、個々に判断や選択をしていかなければなりません。どちらかというと、求められるのはJDK利用者側の意識の変化であろうと筆者はとらえています。

設計・開発担当者

まず、Javaを利用したシステムの設計・開発担当者は、本章で紹介した複数のJDKの特徴を把握し、環境や状況に応じて使い分けられるのが良いでしょう。

最終的にはターゲットとする運用環境に合わせることになるはずですが、バランスやトレードオフを考慮して判断する必要があります。また、できればアーリーアクセス（EA）版のうちから新しい機能リリースを試すことや、異なるJDKディストリビューションも試すことをお勧めします。必要時は、Bug/Issue報告やPull Requestなどをして改善に協力するのも良いでしょう。

構築・運用担当者

そして、構築・運用担当者は、各JDKのライフサイクルやリリース/更新スケジュールを把握することが必要です。リリースモデルが変わってから、新しい機能リリースは3・9月中旬～下旬と半年単位、アップデートは1・4・7・10月中旬と四半期単位に定期的かつ安定的にリリースされていますので、今後も同様となると想定されま

す。製品やプラットフォームの動作保証にも目を配りましょう。すでに説明したように2020年4月からの民法改正は、これまでより品質が重視され、JDKの選択にも影響を及ぼす可能性があります。こうした状況を踏まえ、アプリやシステムの特性にあったJDKを選択してください。

おわりに

最適なJDKは環境・状況に応じて異なります。これまで見てきたように、時代の変化にどう追従していくか、サポート・動作保証をどうとらえるか、どこで利用するかなどの要素で大きく変わってきます。

そして、Java/JVMのコミュニティやエコシステムは今までと同様に、非常に大きく重要です。令和時代に入るのと時をほぼ同じくしてJavaも新しい時代に入り、継続的に進化するようにリリースモデルが変わりました。

OpenJDKなどのOSSはみんなで参加して育てていくものですので、一歩踏み出して、新しくなったJavaやそれぞれのJDKをぜひ前向きに楽しんでいきましょう!

第**3**章

Java EEからJakarta EEへ
新しいEnterprise Java

エンタープライズJavaの標準として長い歴史を持つJava EEは、Eclipse Foundationへ移管され、クラウドネイティブを指向するJakarta EEとして生まれ変わりました。本章ではJakarta EEの全体像と、アプリケーション開発・運用にあたって押さえておきたい事柄についてわかりやすく解説します。

蓮沼 賢志　*HASUNUMA Kenji*（日本GlassFishユーザー会）
Twitter：@khasunuma

3-1　Jakarta EE Platformの概要
3-2　Java EE/Jakarta EEのアーキテクチャ
3-3　Jakarta EE 8のおもな機能
3-4　Jakarta EEのこれから

3-1 Jakarta EE Platformの概要

Jakarta EE Platform、旧称 Java Platform, Enterprise Edition (Java EE) はエンタープライズアプリケーションの基盤となるサーバサイドJava技術の標準仕様です。本章の導入となる本節では、Java EEの成り立ちと標準規格としてのJava EE/Jakarta EEの位置付けについて見ていきます。

エンタープライズアプリケーションとJava

今日、私たちの日常は無数のコンピュータがあふれています。我が国では子どもからお年寄りまで幅広い年代の人々にスマートフォンが普及しています。この手のひらサイズの携帯端末は電話、電子メール、Webブラウザ、メモ、デジタルカメラ、音楽プレーヤなどのさまざまな機能が凝縮された、とても小さいけれども、非常に強力なコンピュータなのです。その演算処理能力は、かの「アポロ計画」で使用された大型コンピュータをはるかに凌駕するとまで言われています。

視線を手のひらから街中に移してみると、そこには多数のコンピュータからなる**エンタープライズシステム**（Enterprise Systems）が存在しています。たとえば、以下のようなものが挙げられるでしょう。

- 銀行のATMやネットバンキングシステム
- クレジットカードの決済システム
- コンビニエンスストアのPOSシステム
- 鉄道の自動券売機、自動改札ネットワーク
- 役所の証明書等発行システム
- インターネット通販サイト

これらのエンタープライズシステムは、その昔人々が手作業で行っていた事務処理をコンピュータで代替したものです。エンタープライズシステムはコンピュータのハードウェアやソフトウェア、それを操作する人間などによって構成されていますが、その中枢にあるのは**エンタープライズアプリケーション**(Enterprise Applications)**ソフトウェア**です。現代社会はエンタープライズシステム（アプリケーション）なしでは成り立たなくなっています。

近年のエンタープライズアプリケーションの開発・運用基盤として、JavaはCOBOLに次いで成功している技術と言えます。その中心を担うのがJava Platform, Enterprise Edition（Java EE）と、その後継であるJakarta EE Platform（Jakarta EE）です。

Java EE/Jakarta EEは、Javaでエンタープライズアプリケーションを開発し、それを運用するための、標準化されたフレームワークです。

サーバサイドJava技術の成り立ち

1995年にJavaが登場したとき、当初注目されていたのはアプレット（GUI）でした。しかし、JavaにはGUIだけでなく、OSに依存しない充実

したネットワークAPIが備わっており、かなり早い段階からサーバサイドへの適用が検討されていました。

初期のJava拡張ライブラリ[注1]として、以下のようなサーバサイド技術が開発されました。

- Servlet（動的HTML生成技術）
- JavaServer Pages（JSP、PHPやActive Server Pages（ASP）を模したHTMLテンプレート技術）
- JDBC[注2]（Java版ODBC[注3]）
- JavaMail（メールサーバへの接続API）

さらに、本格的なエンタープライズアプリケーション開発へ適用できるように、以下のようなCORBAベースの分散コンポーネント技術の開発も行われました。

- Enterprise JavaBeans（EJB、CORBAベースの分散コンポーネント基盤技術）

- Java Transaction Service（JTS、CORBAベースのトランザクションマネージャ）
- Java Transaction API（JTA、トランザクションを利用するためのAPI）
- Java Naming and Directory Interface（JNDI、EJBやJDBCなどで利用される簡易的なディレクトリサービス）
- RMI over IIOP（Java RMIによるリモート呼び出しをCORBAの通信プロトコルであるIIOP上で行うための仕様）[注4]

これらのサーバサイドJava技術を統合し、標準仕様としたものが1999年にリリースされた、Java 2 Platform, Enterprise Edition 1.2[注5]（J2EE 1.2）です。J2EE 1.2には以下のAPIが含まれています。

- JDBC 2.0 Extension
- RMI-IIOP 1.0
- Enterprise JavaBeans（EJB）1.1
- Servlets 2.2
- JavaServer Pages（JSP）1.1
- Java Message Service（JMS）1.0
- Java Naming and Directory Interface（JNDI）1.2
- Java Transaction API（JTA）1.0
- JavaMail 1.1
- JavaBeans Activation Framework（JAF）1.0

注1）Java拡張ライブラリのパッケージ名は"javax"名前空間を使用することになっています。これは名前空間"java"を使用するコアライブラリや、サードパーティのライブラリ（"java"および"javax"名前空間を使用してはならない）との区別のためです。Java EE APIはJava拡張ライブラリとして開発されてきた経緯から伝統的に"javax"名前空間を使用してきましたが、Java SE APIでもSwing（"javax.swing"）などが"javax"名前空間を使用しています。Jakarta EEが新規・変更APIで"javax"名前空間を使用できない理由の背景には、"javax"名前空間がJavaエコシステムで分け隔てなく使用されてきた歴史があるのです。

注2）もともとは"Java Database Connectivity"の略でしたが、現在はJDBC単独で商標登録されています。初期のJDBCでは、JDK 1.1の一部であったコアAPI（"java.sql"）と、接続プールや分散トランザクションサポートなどのサーバサイド向け機能を提供する拡張API（"javax.sql"）に分かれていました。J2SE 1.4で採用されたJDBC 3.0ではコアAPIと拡張APIが統合され、以降はすべてのAPIがJava SEの一部となっています（本書執筆時点での最新版はJDBC 4.3）。

注3）"Open Database Connectivity"の略で、オープンシステムで広く用いられているデータベース接続の標準APIです。JDBCのもととなった標準仕様であり、JDBCにはODBC経由でデータベースにアクセスする機能であるJDBC-ODBCブリッジも用意されていました。なお、Java SE 8以降ではJDBC-ODBCブリッジの実装は削除されています（https://docs.oracle.com/javase/7/docs/technotes/guides/jdbc/）。

注4）EJB間のリモート呼び出しでは、RMI-IIOPではなく直接IIOPが使用されます。

注5）最初のバージョンが1.0ではなく1.2となっているのは、同時期にリリースされたJ2SE 1.2およびJ2ME 1.2とバージョンを合わせたためで、実際にJ2EE 1.2はJ2SE 1.2を動作要件としています。

Java EEはその後Java Community Process（JCP）にて6度の改訂が行われました。最終版のJava EE 8はEclipse Foundationへ寄贈され、2019年9月にJakarta EE 8としてリリースされています（**表1**）。

Java EE 8/Jakarta EE 8は30を超える豊富なAPIを提供しています。それらについては3-3節で見ていきます。

Java EE改訂の歴史

前項に挙げたように、J2EE 1.2は10のAPI（およびJ2SE 1.2 API）で構成されていました。ここでは、それ以降のJava EEの改訂について簡単に見ていきましょう。

J2EE 1.3

J2EE 1.2は既存APIの集合体の域を出ませんでしたが、J2EE 1.3では標準仕様としてアーキテクチャ全体の見直しが行われています。J2EE 1.3は、J2SE 1.3 APIおよび11のオプション仕様によって構成されています（J2EE 1.2に含まれていたRMI-IIOPおよびJNDIはJ2SE 1.3に移管されました）。

J2EE 1.3の大きな変更点は、Java Connector Architecture（JCA）の導入により外部システム（EIS）との接続を標準化したことです。トランザクションやセキュリティ機能もJCAと整合性を取るよう見直しが行われています。

J2EE 1.3で改訂されたEJB 2.0には、それまでのSession Bean（汎用的な分散コンポーネント）に加え、永続化処理を実現するEntity Beanと、非同期処理を担うMessage-Driven Beanが追加されています。EJB 2.0の段階で、CORBAの分散コンポーネントに対応するJava側の規格が一通りそろったことになります。そのほか、Servletsのセキュリティ機能を進化させたJAASが導入されたのもJ2EE 1.3です。

J2EE 1.3で見直されたアーキテクチャはJava EE 5までほぼ維持されており、Java EE 6以降でも後方互換性のために残されています。

J2EE 1.4

J2EE 1.3までは分散コンポーネント技術としてEJBを中心に据えていましたが、このバージョンでは時代の要請に合わせて、新たにSOAP Webサービス（JAX-RPCおよび付随仕様）が導入されています。またセキュリティ機能も強化され、認証・認可の実装を柔軟にするJACCが追加されました。さらに、Java標準の監視機能で

表1　Java EE/Jakarta EEのリリース履歴

バージョン	リリース	おもなトピック
J2EE 1.2	1999年12月	初版（既存APIの集合体）
J2EE 1.3	2001年9月	JSR 58：JCA導入とアーキテクチャの整理
J2EE 1.4	2003年11月	JSR 151：SOAP Webサービス対応、JMX追加
Java EE 5	2006年5月	JSR 244：開発容易性向上（API近代化）
Java EE 6	2009年12月	JSR 316：CDIおよびプロファイル導入、RESTful Webサービス対応
Java EE 7	2013年5月	JSR 342：HTML5対応
Java EE 8	2017年8月	JSR 366：Security API追加、HTML5対応強化
Jakarta EE 8	2019年9月	Jakarta EEにて仕様策定、APIレベルではJava EE 8と同一

あるJava Management Extensions（JMX）が
J2EE 1.4で先行実装されています。それまで明
確に文書化されていなかったいくつかの仕様に
ついても、このバージョンで規格化されていま
す。

J2EE 1.4はJ2SE 1.4 APIおよび17のオプショ
ン仕様にて構成されています。JDBC 3.0で
JDBC拡張APIがJDBCコアAPIに統合された
ほか、J2EE 1.3で導入されたJAAS、JAXP
（XMLパーサ）はJ2SE 1.4に統合されました。

Java EE 5

前バージョンのJ2EE 1.4は多機能でしたが、
J2EE 1.2以来の懸案事項であったアプリケー
ション開発における各種設定記述の煩雑さを抱
えていました。そこで、Java EE 5では「かんた
ん開発（Ease of Development）」を掲げ、解決
案としてJava 5で導入されたアノテーション機
能の積極的利用に踏み切りました。それと並行し
て各種設定のデフォルト値を仕様で規定したこ
とにより、J2EE 1.4以前で必要だった各種設定
記述の多くを省略することが可能となり、かんた
ん開発（開発容易性）は大幅に向上しています。
またWeb UIのフレームワークとしてJavaServer
Faces（JSF）が新たに加わり、Entity Beanを
代替するJava Persistence API（JPA）[注6]が追加
されました。また、JAX-RPCは大幅な改訂を行
い、JAX-WSという新しい仕様に変わりました。

Java EE 5はJava SE 5.0 APIおよび24のオプ
ション仕様にて構成されています。J2EE 1.4で導
入されたJMXはJava SE 5.0に統合されました。

Java EE 6

Java EE 6は、それまでのアーキテクチャを全
面的に見直し、Java EE 5以前に存在したさまざ
まな制限事項の多くを撤廃しました。その柱とな
るものがContexts and Dependency Injection
（CDI）です。Java EEに「プロファイル」の概
念を導入したのもこのバージョンです。

Java EE 6はJava SE 6 APIおよび27のオプ
ション仕様にて構成されています。新しく
RESTful Webサービス（JAX-RS）が追加され、
JSFが強化[注7]されています。Java EE 5で導入
されたJAX-WS、JAXB、StAX、Common
Annotationsと、J2EE 1.2以来同梱されてきた
JAFは、この段階でJava SE 6へと統合されました。

Java EE 7

Java EE 7はHTML5対応を前面に出してリ
リースされました。Web関連技術ではJSFを
HTML5対応させたほか、WebSocketとJSON
Processing（JSON-P）が追加されています。そ
の他の新機能としてはBatch API、Concurrency
APIの導入が挙げられます。Java EE 6で導入
されたCDIはJTAとの連携が可能になり、それ
までEJBの特権であったコンテナ管理のトラン
ザクションをCDIでも利用できるようになりまし
た。Java EE 7から、EJBからCDIへの移行が
本格的に始まったと言えるでしょう。

Java EE 7はJava SE 7 APIおよび33のオプ
ション仕様にて構成されています。

注6） 取り扱いに難があったEntity Beanに代えて、Session Bean
　　 とJPAの組み合わせで永続化処理を行うよう変更しました。

注7） JSFは当初、HTMLのテンプレートエンジンとしてJSPを使
　　 用していました。その後、XHTMLベースでJSPよりも柔軟
　　 かつ軽量なHTMLテンプレート技術であるFaceletsが開発
　　 され、JSF 2.0仕様の一部として組み込まれています。

Java EE 8

Java EE 8は、新しい時代に適応できるJava EEを策定すべく、Java EE 9（中止）とともに策定が開始された仕様でしたが、紆余曲折を経て[注8]、最終的にはJava EE 7の小改訂版としてリリースされました。

Java EE 8はJava SE 8 APIおよび35のオプション仕様にて構成されています。

Java EE 8からJakarta EE 8へ

Java EE 8のリリースから間もない2017年9月のJavaOne 2019カンファレンスにて、OracleはJava EE 9以降の開発中止と、Java EE 8の非営利団体への移管を発表しました。移管先としてApache Software FoundationとEclipse Foundationが候補に挙がり、検討の末にEclipse Foundationへ移管されることになりました。

Eclipse Foundationでは、Oracleが保有するJava EE資産を移管するためのプロジェクトであるEclipse Enterprise for Java（EE4J）を立ち上げ、移管作業に着手しました。同時に、移管後の仕様策定プロセスなどを定めるワーキンググループを発足させています。商標権の問題でJavaおよびJava EEという名称が使えないことから、名称をJava EEからJakarta EE[注9]へと

改め、ワーキンググループの名称もJakarta EEワーキンググループとなりました。

EE4Jプロジェクトは2019年1月にOracleのJava EE資産すべての引き継ぎを完了しました。その後もOracleとEclipse Foundationの間で商標権に関する調整が行われました。そして、すべての懸案事項が解決した2019年9月に、Jakarta EE最初のバージョンであるJakarta EE 8がリリースされました。

Jakarta EE 8はAPIレベルではJava EE 8とまったく同一であり、ライセンスのみの変更となっています。

Java EE/Jakarta EEの骨子

Java EE/Jakarta EEの骨子となっているものは「コンテナアーキテクチャ」と「オブジェクト指向」です。これは最初のバージョンであるJ2EE 1.2から最新のJakarta EE 8まで一貫して変わっていません。Java EE/Jakarta EEのアーキテクチャを理解するうえで、この2つを常に念頭に置いておくことが重要となります。

今後登場する新技術には、コンテナという概念がなかったり、あるいはオブジェクト指向からかけ離れたパラダイムが導入されたりするかもしれません。しかし、それらはあくまで表面上のものであり、本質的には「コンテナアーキテクチャ」と「オブジェクト指向」という骨子は揺るがないものと考えられます[注10]。

注8）当初は2016年ごろのリリースを予定していましたが、2016年初頭の段階で仕様策定の進捗状況がほぼゼロという状況に陥りました。それに対し、かつてOracleでJava EEエバンジェリストを務めていたReza Rahman氏を発起人とするJava EE Guardians（https://javaee-guardians.io/）がJava EE開発推進のためのロビー活動を行った結果、Java EEの開発は継続され、当初の予定から大きく変わったもののJava EE 8リリースに至りました。

注9）新名称はEnterprise ProfileとJakarta EEの2つに絞ったあと、一般投票にてJakarta EEに決定しました。おもな選定理由として、頭文字がJava EEと共通のJEEとなること、Java EE黎明期のApache Jakartaプロジェクトの知名度などが挙げられます。

注10）もしこれらが変わったときには、Jakarta EEは現在のそれとはまったく異質の存在、Jakarta EEの名前を継ぐ別の何かになっていることでしょう。

図1　コンテナアーキテクチャ

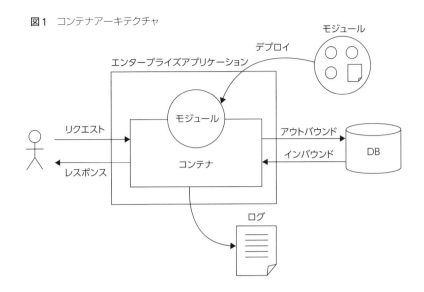

コンテナアーキテクチャ

エンタープライズアプリケーションは大きく2つの部分に分けられます。

- サーバ処理、トランザクション管理、セキュリティ機能、外部入出力、状態監視などの共通処理
- データの入力・操作・出力といったアプリケーション固有の処理

定型的な共通処理はあらかじめ用意しておき、アプリケーションで再利用するようにしておくのが効率的です。そのためのしくみとして、Java EE/Jakarta EEでは「コンテナアーキテクチャ」（**図1**）を採用しています。

ここで言うコンテナとは、アプリケーションを構成するモジュールの実行環境であり、

起動→配備→待機→終了

というライフサイクルを持っています。これは一般にクライアント／サーバ型アーキテクチャ[注11]と呼ばれるもので、処理を集中して実行するのに適したしくみです。このしくみでは、サーバがクライアントからの入力を待機することから始まるため、クライアントの入力に先駆けてサーバを起動しておく必要があります。

コンテナにアプリケーションのモジュールを結合することで、これらは1つのエンタープライズアプリケーションとして動作するようになります。単一モジュールでアプリケーションとして成り立つ場合もあれば、複数モジュールを組み合わせてアプリケーションを構成する場合もあります。モジュールをコンテナに結合して利用可能にすることを配備（デプロイ）と言います。Java EE/Jakarta EEのデプロイ機構は柔軟であり、デプロイしたモジュールの差し替え（再デプロイ）や削除（アンデプロイ）が可能です。実装によって

注11) 対となるのがピアツーピア型アーキテクチャです。ピアツーピア型では、各構成要素（ノード）がサーバおよびクライアント双方の役目を果たします。ピアツーピア型は単一障害点が存在しないためクライアント／サーバ型に比べて耐障害性に優れますが、システム規模が大きくなると構成が複雑化して制御が難しくなる短所もあります。そのため大規模システムでは純粋なピアツーピア型の採用は少なく、多くがクライアント／サーバ型とのハイブリッド構成となっています。

は旧モジュールと新モジュールを同時にデプロイし、ごく短い停止時間で新旧モジュールを切り替える機能を有するもの[注12]もあります。

Java EE/Jakarta EEにはWebアプリケーションモジュールのためのWebコンテナ、分散コンポーネントモジュールのためのEJBコンテナ、外部システム（EIS）への接続モジュールのためのリソースアダプタといった目的別のコンテナが存在しており、それらが相互に連携して動作します。

最近はマイクロサービスに代表される、小さなコンテナとモジュールの組み合わせをWebサービスで多数連携させる手法が注目されていますが、最適解はアプリケーションによって異なることに注意してください。

オブジェクト指向

オブジェクト指向の定義はさまざまですが、大まかに言うとデータ（Data）とそれを操作する手順（Procedure）を「オブジェクト（Object）」という単位にまとめ、オブジェクト間の呼び出し（Message Passing）によってソフトウェアを構成する方法[注13]を言います。

オブジェクト指向において重要なことは以下の2点です。

- **データと手順の結合度**……関連が強いもの同士は密結合に、関連が弱いもの同士は疎結合になるように保つ
- **オブジェクト間の呼び出し**……複数のオブジェ

クトが呼び出し合う（通信し合う）ことで特定の処理を実行する（手続き型、関数型との大きな違い）

オブジェクト指向の基本要素として挙げられる「カプセル化」「継承」「ポリモフィズム（多態性）」は、あくまで上記2点から導出されたものであり、各々についてはそれほど重要ではないことに注意してください。

Java EEでは、大規模なEJBオブジェクトからEIS接続インターフェース（JDBC接続プールなど）、小さなデータに至るまですべてをオブジェクトとして扱うのが大きな特徴です。JNDI(Java Naming and Directory Interface)はこれらのオブジェクトに階層名を付与して集中管理し、あらゆるオブジェクトから参照可能にするために開発されたしくみです。

なお、現在のソフトウェアシステムは複雑化しており、すべてをオブジェクト指向だけで解決することは難しくなっています（不可能ではありません[注14]が、効率は良くありません）。そのため、Javaを含め最近のプログラミング言語ではマルチパラダイム化が進んでいます（とくに関数型プログラミングからのアイデア[注15]が多く流入しています）。

注12) 制約と副作用はありますが、旧モジュールを動作させたまま新モジュールへと処理を移行させられる機能を持つJava EE実装さえ存在します。

注13) これはおもにDr. Bjarne Stroustrup（C++開発者）らが提唱するオブジェクト指向の定義であり、オブジェクト指向の解釈については提唱者によって少なからず差異があります。

注14) 数学的には「チューリング完全」と言い、理論上はどのような処理であっても処理時間や記憶領域といったリソースに制限がなければ必ず実行できます。ただし現実的には処理時間や記憶領域には何らかの制約が存在するため、必ずしも最大効率で実行できるとは限らないのです。

注15) 関数型プログラミング言語の祖であるLISPはCOBOLやFORTRANと並ぶ最古のプログラミング言語ですが、非常に多くの計算機リソースを消費するため、長い間ごく限られた分野（研究用途）でのみ使用されてきました。近年コンピュータの性能が大幅に向上したことにより、一般に普及したノートPC上でも関数型プログラミング言語の処理系を実行できるようになりました。それに伴い、研究分野で長い間培われてきたさまざまなアイデアが急速に他言語（Java、C#、C++など）へ持ち込まれました。

Java EE/Jakarta EEのおもな実装と特徴

Java EE/Jakarta EEの仕様と実装

Java EE/Jakarta EEはマルチベンダ標準の仕様であり、各ベンダからJava EE/Jakarta EEの仕様に準拠した実装が提供されています。各ベンダは標準仕様に準拠しつつ、それぞれ特徴のある実装を提供していますので、費用やシステムの特性などを考慮して最適な実装を選択することができるようになっています。

Java EEおよびJakarta EEの各バージョンには、各ベンダの実装が仕様どおりに正しく実装されているかをチェックする**互換性検証キット（TCK）**が存在しています。TCKによる検証[注16]にすべて合格した実装が、当該バージョンのJava EEあるいはJakarta EE実装として認定されます。

Java EEリファレンス実装

Java EEには仕様・TCKとともに**リファレンス実装（RI）**と呼ばれる基準の実装が存在します[注17]。Java EE 5以降は、Sun/Oracleが提供するGlassFish Server Open Source Editionがリファレンス実装となっています。

Java EE主要ベンダ実装

Java EEのTCKはプロプライエタリライセン

スであり、各ベンダはSun/OracleからTCKのライセンスを受けて実装の互換性を検証し、Java EE互換の認定を受けていました。

Java EE 6〜8の主要ベンダ実装を**表2**に示します[注18][注19]。

Jakarta EE互換実装

Jakarta EEではTCKがオープンソース化[注20]され、誰でもTCKを利用できるようになりました。そのため、Jakarta EEでは各ベンダがTCKで実装の互換性を検証し、結果をJakarta EEワーキンググループに報告することでJakarta EE互換と認定するようにプロセスが変更されています。同時に、Java EEに存在したリファレンス実装は、Jakarta EEではとくに定めないことになっています。

本書執筆時点（2019年10月現在）では、以下がJakarta EE 8互換実装となっています[注21]。

- Eclipse GlassFish 5.1（Eclipse）
- OpenLiberty 19.0.0.6（IBM）
- WildFly 17.0.1.Final（Red Hat）
- Payara Server 5.193.1（Payara）[注22]

注16）参考まで、Jakarta EE 8のTCKには約50,000の検証項目があります。

注17）Java Community Process（JCP）では、JSR（Java Specification Request）で定められるすべてのJava技術について、仕様（Specification）、リファレンス実装（RI）、互換性検証キット（TCK）の3点を義務付けています。

注18）旧バージョンを含む完全な一覧は https://www.oracle.com/technetwork/java/javaee/overview/compatibility-jsp-136984.html にあります。

注19）このほかに正式なJava EE互換認定を受けていない実装がいくつか存在します。Payara Server 5（Java EE 8相当）、Apache TomEE 8.0.0（Java EE 8 Web Profile相当）など。

注20）TCKはオープンソース化されましたが、Jakarta EE互換性検証に用いるTCKは、Jakarta EEが配布するバイナリ版のTCKが使用されます。

注21）完全な一覧は https://jakarta.ee/compatibility/ にあります。

注22）Payara Serverは、正式なJava EE互換認定を受けていないベンダ実装として、初めてJakarta EE互換を認定された実装となりました。これはJakarta EEの互換性認定プロセスが（Java EEと比較して）開かれたものであることを示しています。

表2　Java EE 6～8の主要ベンダ実装一覧

製品名	ベンダ	バージョン	Java EEバージョン
GlassFish Server Open Source Edition	Oracle	5.0	Java EE 8（Full/Web）
		4.0	Java EE 8（Full/Web）
Eclipse GlassFish	Eclipse	5.1	Java EE 8（Full/Web）
Oracle WebLogic Server	Oracle	12.2.x	Java EE 7
		12.1.x	Java EE 6
Oracle GlassFish Server	Oracle	3.1	Java EE 6（Full/Web）
IBM WebSphere Application Server Liberty	IBM	18.0.0.2	Java EE 8（Full/Web）
		8.5.5.6	Java EE 7（Full/Web）
		8.5.5	Java EE 6 Web Profile
IBM WebSphere Application Server	IBM	9.x	Java EE 7（Full/Web）
		8.x	Java EE 6
WildFly	Red Hat	14.x	Java EE 8（Full/Web）
		8.x	Java EE 7（Full/Web）
Red Hat JBoss Enterprise Application Platform	Red Hat	7.2	Java EE 8（Full/Web）
		7	Java EE 7（Full/Web）
		6	Java EE 6（Full/Web）
FUJITSU Software Interstage Application Server	富士通	12.0	Java EE 7
		10.1	Java EE 6
NEC WebOTX Application Server	NEC	V10.x	Java EE 7
		V9.x	Java EE 6
Hitachi uCosminexus Application	日立	v9.0	Java EE 6
TMAX JEUS	TmaxSoft	8	Java EE 7
		7	Java EE 6
Apache TomEE	Apache	1.0	Java EE 6 Web Profile
Resin	Caucho	4.0.17	Java EE 6 Web Profile

標準化の意義

　よく使われるソフトウェアコンポーネントは再利用できるようにしておくと便利です。その際に仕様がベンダ間で共通していると、いろいろ融通が利きます。

　仕様の共通化・標準化という考え方はソフトウェアに限らず、広く日常に浸透しています。わかりやすい例を挙げると、リモコン、カメラ、その他家電で広く使用されている乾電池は単1形～単5形、LR44、CR2032、CR123Aなど形状・電圧などがすべて工業規格で決まっています。

　そのため電池を交換する際には、同じ型の電池であれば世界中いずれのメーカーの製品を使用しても電圧違いによる事故などを心配することなく使用できます。とくに使用頻度が高い単3形や単4形は非常に多くのメーカーが生産しており、日本全国47都道府県の家電量販店・コンビニエンスストア・駅や高速道路サービスエリアの売店など、あらゆるところに流通しています。そのため、万一旅先で電池切れになっても、電池の形さえわかれば（そして単3形や単4形はほとんどの方が見るだけあるいは触るだけで判別できるでしょう）その場で簡単に調達できるというメリットもあります。

これと同じことはソフトウェアにも当てはまります。再利用可能なソフトウェアコンポーネントの仕様を標準化しておくことは、ベンダおよびユーザー（アプリケーション開発者）の双方にとって有利に働きます。ベンダにとっては、標準化されている部分以外に独自色を出すことができ、そのベンダにとってのアピールポイントに注力してソフトウェアを開発することができます。これによりベンダ間で良い意味での競争が生まれ、品質や価格も安定します。一方、ユーザーにとっては、ベンダごとの仕様差異に悩まされず、またベンダロックインを回避できるメリットがあります。絶対的シェアを持つベンダにロックインされると、ユーザーは価格や品質などでベンダの言いなりにならざるを得ず、不利益を被ることになります。資本主義国家には独占禁止法が存在しており、過度のベンダロックインを防ぐ法体制は整っています。しかし、独占禁止法による行政処分（事情によっては企業を解体し市場から追放することさえ可能）は市場の自浄能力が失われたときに発動する「最終手段」であり、その効果は限定的です。そのため、標準仕様を定めて各ベンダがそれに従って実装を提供することは、ソフトウェア産業の健全な発展のために必要不可欠なことと言えるでしょう。

Javaを用いて開発する業務アプリケーションで共通的に使用される機能は、マルチベンダ標準であるJava EEとして標準化されてきました。これまではOracle（旧Sun）を中心とするJava Community Process（JCP）がJava EEの標準化を主導してきました。今後はEclipse Foundationを中心に集まったベンダ・団体などによって構成されるJakarta EE Working GroupがJakarta EE（旧Java EE）の標準化作業を担うことになります。

3-2

Java EE/Jakarta EEの
アーキテクチャ

Java EE/Jakarta EEは20年にわたって随時改訂が行われてきた歴史の長い仕様です。その過程でアーキテクチャも時代に合わせて姿を変えてきました。本節ではJava EE/Jakarta EEの歴史を振り返りつつ、アーキテクチャの概要と変遷について見ていきます。

Java EE/Jakarta EE アーキテクチャの変遷

Java EEは3-1節の**表1**で示したようにバージョンを重ね、そのアーキテクチャは初期のものから変化してきています。

ここでは、初版のJ2EE 1.2からJava EE 5までを「古典的なJava EE（Classical Java EE）」、Java EE 6から最新版のJakarta EE 8までを「近代的なJava EE（Modern Java EE）」と分類し、そのアーキテクチャを整理してみます。

なお、「古典的なJava EE（Classical Java EE）」「近代的なJava EE（Modern Java EE）」は筆者

の独自研究に基づくアーキテクチャ分類上の便宜的な分類名であり、一般的に使用されている分類名でないことに注意してください。

古典的なJava EEのアーキテクチャ

古典的なJava EEであるJ2EE 1.3のアーキテクチャ全体像を**図1**に示します。古典的なJava EEのアーキテクチャが固まったのはJ2EE 1.3であり、J2EE 1.2では全体的な整合性がまだ完全には取れていません。

古典的なJava EEでは、CORBAベースの分散コンポーネント基盤であるEJBコンテナが中心にあり、それにWeb UI（アプレット）の実行

図1　古典的なJava EEのアーキテクチャ（J2EE 1.3）

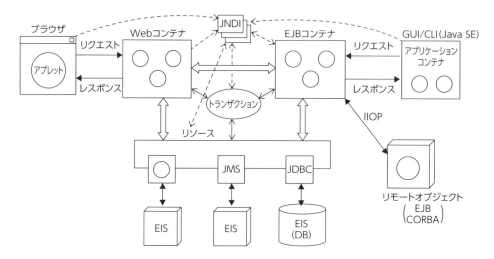

環境であるWebコンテナと、データベースなどの外部システム（EIS）との入出力を担うリソースアダプタが付随しています。

EJBコンテナ上で実行される**EJB**（Enterprise Bean）はビジネスロジックを集約することを目的としており、EJBにはトランザクションやセキュリティなどの機能があらかじめ備わっています（EJBコンテナはこれらの機能を各EJBに提供する役割を果たします）。そのため、アプリケーション開発者はアプリケーション固有処理の実装に注力できるようになっています。

EJBに対しては、以下のコンポーネントからアクセスすることが可能です。

- EJBコンテナ（別のEJB）
- Webコンテナ
- Java SEアプリケーション（ACC）
- 外部のEJBコンテナ（リモートEJB）

EJBへのアクセスには**JNDI**を使用し、連携用のインターフェースや定義ファイルをあらかじめ用意しておきます。これは汎用的な手順ですが、一方で多くの定型処理を含むため、実際のアクセスには複雑な手順を踏む必要があります。そのため、Java EE 5ではアノテーションによるDI（Dependency Injection）や、既定値の導入による設定ファイルの省略により手順を大幅に簡略化しています。

古典的なJava EEにおけるアプリケーションのデプロイでは、モジュールをデプロイ先のコンテナ単位でアーカイブファイルにパッケージします。具体的には、WebコンテナにデプロイするServletやJSPなどは.warアーカイブ、EJBコン

テナにデプロイするEJBなどは.jarアーカイブ（通常のJARと区別するためEJB-JARとも呼ばれます）、独自実装した外部接続用のリソースアダプタは.rarアーカイブ[注1]にそれぞれパッケージします。異なるコンテナにデプロイするモジュールは同一のアーカイブにパッケージすることはできません（たとえば、EJBは.warアーカイブに含めることができない）が、複数の.war／.jar／.rarアーカイブを含む.earアーカイブ（エンタープライズアプリケーションアーカイブ）を作成し、それをデプロイすることは可能です。.earアーカイブに含まれる.war／.jar／.rarアーカイブはそれぞれ適切なコンテナにデプロイされます。

近代的なJava EEのアーキテクチャ

近代的なJava EEであるJava EE 8のアーキテクチャ全体像を**図2**に示します。Java EE 8は近代的なJava EEの完成形であり、Jakarta EE 8はAPIレベルでJava EE 8と完全に同等です。

近代的なJava EEの特徴は**Bean Manager**が存在していることです。Java EEにおけるBean ManagerはCDI（Contexts and Dependency Injection）と呼ばれる仕様で規定されています。Bean Managerによって管理されるオブジェクト（Bean、広義のManaged Bean）は、Bean Managerによってオブジェクトのライフサイクル管理や、DIによるオブジェクト間の関連付けが行われます。

CDIの管理対象となるBean（広義のManaged Bean）には、CDIが直接管理するCDI Bean、EJBコンテナが管理するEnterprise Bean、Java

---

注1）拡張子が異なるだけで、実体はJAR形式のアーカイブ（ほぼZIP形式）です。RARLAB（https://www.rarlab.com/）が開発したRAR形式ではありませんので、注意してください。

図2　近代的なJava EEのアーキテクチャ（Java EE 8）

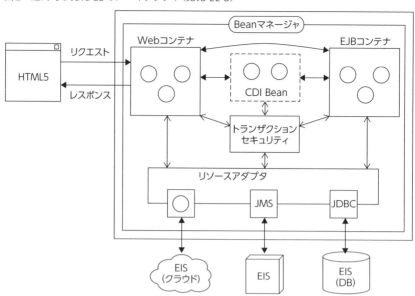

EE 5で規定されたManaged Bean（狭義の Managed Bean、現在はCDIで代替できるため 使用すべきではありません）があります。

　古典的なJava EEではEJBとその動作環境で あるEJBコンテナがアーキテクチャの中心でし たが、近代的なJava EEにおいてEJBは**EJBコ ンテナの支援を受けられる多機能なManaged Bean**としてその位置付けを変えています。また、 当初（Java EE 6）ではEJBコンテナのみが提供 していたトランザクションなどの機能も、改訂を 重ねるごとにCDI Beanでも利用できるように なっており、EJBの優位性は薄れています。

　また、古典的なJava EEではすべての機能が 統一して提供されていましたが、近代的なJava EEではプロファイル[注2]という概念が導入され、 Java EEのサブセット仕様を作成することが可

能になっています。現時点ではJava EE 6で導 入されたWeb Profileが唯一のプロファイルで す。プロファイルの導入に合わせて、古いAPIの 削除（Pruning）[注3]も行われるようになりました。

　さらに、近代的なJava EEはデプロイの一部が 簡略化[注4]され、EJBを条件付きながら.warアー カイブに含めることができるようになっていま す。このため、とくにWeb Profileにおいてはア プリケーションのモジュールをすべて.warアー カイブに集約することが可能となっています。

　そのほか、近代的なJava EEでは並行処理と セキュリティ機能が改善されています。

　並 行 処 理に つ い て はJava EE 7で Concurrency Utilities for Java EEが導入され、 アプリケーションが自由に使えるスレッドが提供

注2）　MicroProfileはJava EEのプロファイルを意識して命名され ましたが、Java EEの正式なサブセット仕様ではありません。 また、MicroProfileのJakarta EEへの合流も現時点では先行 きが不透明です。

注3）　現時点ではEJB 2.xのEntity Bean、JAX-RPC、JAXR、 Deployment（JSR 88）がオプションという形でJava EEの標 準仕様から除外されています。ただし完全に削除されたわけ ではなく、いずれもオプションのままJakarta EEに引き継 がれています。

注4）　Deployment APIのオプション化もその一環と考えられます。

されるようになりました。従前はJava EEの内部処理でマルチスレッド処理を行うため、アプリケーションが独自にマルチスレッド処理を実装することは推奨されていませんでした。Concurrency Utilities for Java EEのManaged ExecutorはJava 5以降で導入されたExecutorと同等の機能を提供し、かつJava EE内部処理のスレッドと干渉しないようになっています。Enterprise Beanではコールバック型の非同期処理（Message-Driven Bean）や宣言型の非同期処理（@Asynchronousアノテーションが付加されたメソッド）が提供されていますが、Managed Executorを使用するとCDI Beanでもマルチスレッドによる非同期処理を実装することが可能[注5]になります。

セキュリティ機能は古典的なJava EEから存在していましたが、複数の低水準API（JAAS、JACC、JASPIC[注6]）の組み合わせで実現されており、一部実装に依存する部分も存在していました。Java EE 8で導入されたEE Security APIでは、統一的に利用できる高水準のセキュリティ機能を提供するとともに、実装に依存しないようなものになっています。ただし、現時点では基本機能の提供にとどまっており（当初予定していたパスワードエイリアスやロールマッピング、OAuth2やOpenID Connect対応などが先送りになっている）、今後の発展が期待されます。

注5） CDIでは、非同期イベント（CDI 2.0/Java EE 8で導入）を使用しても非同期処理を実装可能です。

注6） JASPICは当初JACCと併せてJ2EE 1.4での実装を予定していましたが、予定どおりに実装されたJACCに対して仕様策定が大幅に遅延し、Java EE 6で実装されたという経緯があります。

3-3 Jakarta EE 8のおもな機能

Jakarta EEには、さまざまな業務アプリケーションの幅広い要求に応える豊富なAPIが備わっています。本節ではJakarta EE 8が提供するおもなAPIとその用途について紹介します。

Jakarta EE 8が提供する機能

Jakarta EE 8では30以上の機能がAPIとして提供されています。紙幅の都合上、これらすべてを解説することはできませんが、Jakarta EE 8にはチュートリアルがあり、ほとんどの機能の使い方が紹介されています。本節では、Jakarta EE 8のチュートリアルを参照する形で各機能について触れていきます。

Jakarta EE 8はAPIレベルではJava EE 8と同じですが、各APIの名称はすべて変更されています。節の最後にJava EE 8とJakarta EE 8の対照表（**表5**）を示します。

Jakarta EE 8のチュートリアル

Jakarta EE 8では2つのチュートリアル（英語）が用意されています。

■Jakarta Enterprise Edition Your First Cup

https://eclipse-ee4j.github.io/jakartaee-firstcup/toc.html

Jakarta EE 8の基本機能に焦点を当てた、ステップバイステップ形式の入門チュートリアルです。手元の開発環境で実際に触れながらJakarta EE 8の基本を学ぶことができます。

Your First Cupチュートリアルでは開発環境として以下を想定しています。

- JDK 8（Update 144以降）
- Eclipse GlassFish 5.0/5.1
- NetBeans 8.2/Eclipse IDE 4.7（Oxygen）以降

■The Jakarta EE 8 Tutorial

https://eclipse-ee4j.github.io/jakartaee-tutorial/toc.html

Jakarta EE 8の網羅的なチュートリアルです。以降、このチュートリアルの内容に沿ってJakarta EE 8の各機能について紹介します。

Webアプリケーション技術

Jakarta EEには、Webアプリケーションを開発するために必要な技術が一通り備わっています。その中核となるのがWeb UIフレームワークである**Jakarta Server Faces**です。

Jakarta Server FacesはJakarta EE標準のWeb UI技術で、HTMLページをGUIライブラ

リのようにコンポーネントの組み合わせとして構成することができます。各コンポーネントはHTML、JavaScript、CSS、処理部分（Bean）の集合体です。標準で備わっているコンポーネントのほか、サードパーティ製のコンポーネントも用意されており、高度なWeb UIを容易に実現することが可能です。

Jakarta Server Facesは一般に「コンポーネントベースMVC」と呼ばれるWeb UI技術の1つで、類似の技術としてMicrosoft ASP.NETがあります。JavaのWeb UI技術は、HTTPに近いレベルを扱う「アクションベースMVC」が多数を占めており、Jakarta Server Facesは数少ない（しかしJakarta EE標準の）コンポーネントベースMVCフレームワークです。

その他のWebアプリケーション技術として、動的HTMLの生成技術であるJakarta Servletと、WebSocketによる双方向通信をサポートするJakarta WebSocketがあります。Jakarta ServletはJakarta EE Web技術の心臓部であるWebコンテナと密接な関係にあります。Webコンテナについてはのちほど詳しく取り上げます。

チュートリアル Part III: The Web Tier

https://eclipse-ee4j.github.io/jakartaee-tutorial/partwebtier.html

Bean Validation

Jakarta Bean Validationは、入力値の検証を行い、不正な入力を未然に防ぐためのAPIです。おもにJakarta Server Facesと組み合わせて利用することを想定していますが、Jakarta RESTful Web Servicesなどと組み合わせることも可能です。

チュートリアル Part IV: Bean Validation

https://eclipse-ee4j.github.io/jakartaee-tutorial/partbeanvalidation.html

CDI

Jakarta Contexts and Dependency Injection（CDI）は、Jakarta EEのコンポーネント技術の基盤であるBean Managerの仕様です。その概念についてはのちほど詳しく取り上げます。

チュートリアル Part V: Jakarta EE Contexts and Dependency Injection

https://eclipse-ee4j.github.io/jakartaee-tutorial/partcdi.html

Webサービス技術

Jakarta EE 8にはWebサービスのAPIとして、RESTful WebサービスをサポートするJakarta RESTful Web Servicesと、SOAP WebサービスをサポートするJakarta XML Web Servicesが用意されています。

Jakarta RESTful Web Servicesは、かつてJAX-RSと呼ばれていた仕様で、RESTful Webサービスにとどまらず、HTTPのほとんどすべてを処理できる極めて優れたAPIです。JAX-RSが初めてリリースされたときは、「もしJAX-RSがもっと早い時期に登場していればRuby on Railsは流行しなかったのではないか?」と言われるほどのインパクトでした。

Jakarta RESTful Web Servicesは、非常に応用範囲が広いAPIであるため、のちほど詳しく取

り上げます。

チュートリアル Part VI: Web Services

https://eclipse-ee4j.github.io/jakartaee-tutorial/partwebsvcs.html

Enterprise Beans

Jakarta Enterprise Beans（旧称EJB）は、Java EEの最初のバージョンから存在していた分散コンポーネント基盤です。将来的にはCDIに取って代わられるものと考えられますが、分散トランザクション処理の2相コミットに代表される高度な分散処理を実現するうえではまだ必要不可欠な存在です。

チュートリアル Part VII: Enterprise Beans

https://eclipse-ee4j.github.io/jakartaee-tutorial/partentbeans.html

Persistence

Jakarta PersistenceはRDBMSへのアクセス（永続化処理）を行うための機能です。一般にO/Rマッピングフレームワークと呼ばれている機能にあたり、RDBMSをオブジェクト指向データベースに近い操作で取り扱うことが可能です。

RDBMSの操作にはSQLが用いられますが、SQLは標準化されてはいるものの依然として各RDBMS実装に依存する部分も多く見られます。Jakarta PersistenceはRDBMSに依存しないJPQLというクエリ言語を用いることで、RDBMSに依存しない処理を実現します。

チュートリアル Part VIII: Persistence

https://eclipse-ee4j.github.io/jakartaee-tutorial/partpersist.html

Messaging

Jakarta EEには標準でJakarta Messaging（旧称JMS）という非同期メッセージング機能（いわゆるMQ）が備わっており、Jakarta EE（Java EE）アプリケーション間での非同期通信を実現することができます。

なお、Jakarta Messaging以外の方法（例：クラウドの非同期メッセージング機能）で非同期通信を行うには、後述のJakarta Connectorsを使用します。

チュートリアル Part IX: Messaging

https://eclipse-ee4j.github.io/jakartaee-tutorial/partmessaging.html

セキュリティ

Jakarta EEには高水準のセキュリティ機能としてJakarta Security、低水準のセキュリティ機能としてJakarta Authentication（旧JASPIC）とJakarta Authorization（旧JACC）が用意されています。

チュートリアル Part X: Security

https://eclipse-ee4j.github.io/jakartaee-tutorial/partsecurity.html

その他

Jakarta EEにはその他の機能として、バッチ処理を記述するJakarta Batch、汎用的な外部シ

図1　Webコンテナ

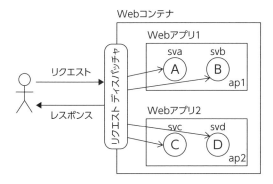

ステム接続（リソースアダプタ）を取り扱う Jakarta Connectors、並行処理（マルチスレッド）を実現するためのJakarta ConcurrencyなどのAPIが用意されています。

チュートリアル Part XI: Jakarta EE Supporting Technologies

https://eclipse-ee4j.github.io/jakartaee-tutorial/partsupporttechs.html

Webコンテナと Servlet

Webコンテナ

Webコンテナ（またはServletコンテナ）は、Servletなどから構成されるWebアプリケーションを実行するためのコンテナです。Webアプリケーションはウェブコンテナのデプロイ単位であり、通常は.warアーカイブとしてパッケージされます。Webアプリケーションの詳細については後述します。

Webコンテナは、**HTTPサーバからHTTPリクエストを受け取り、何らかの処理を行ったあとに、HTTPレスポンスを返すしくみ**です。HTTP

サーバで広く普及しているCGI（Common Gateway Interface）と似た役割を持ちますが、CGIが規約に基づいて任意のプロセスを呼び出すのに対して、WebコンテナはServletという処理単位をスレッドとして呼び出します。

WebコンテナとServletはHTTPレスポンスとしておもにHTML（動的HTML）を返しますが、MIMEで規定されているデータ形式であれば制約はありません。当然ながらXMLやJSONなども返すことができるため、Webサービスの実装基盤としても用いられます[注1]。

Webコンテナは複数のServletを実行することが可能です。Webコンテナは、HTTPリクエストをどのServletに対して振り分けるかを、コンテキストパスというURL中のパス文字列で決定します（**図1**）。

まず、Webアプリケーション（デプロイ単位）ごとにコンテキストルートが割り当てられます。図の例ではWebアプリケーションap1に/webapp1、Webアプリケーションap2に/webapp2がそれぞれ割り当てられています。次に、コンテキストルートより下位階層のパスで対

注1）　実際に、Metro（XML Web Servicesのリファレンス実装）や Jersey（RESTful Web Servicesのリファレンス実装）は Servletとして実装されています。

象となるServletが特定されます。図1の例では/webapp1以下の/sva（Servlet A）、/svb（Servlet B）、/webapp2以下の/svc（Servlet C）、/svd（Servlet D）がこれに該当します。さらに下位階層のパスが存在する場合は、Servlet側でコンテキストパス全体を取得し、パラメータとして処理中に参照することができます。JAX-RSではコンテキストパスの一部を容易にパラメータとして参照できるようになっています。

以下に具体例を示します。

```
http://hostname:8080/webapp1/sva
```

このURLは、hostnameのポート8080で待機するWebコンテナにリクエストを送信し、Servletを実行します。呼び出されるServletは、コンテキストパス/webapp1/svaによってWebアプリケーションap1（/webapp1）のServlet A（/sva）となります。

コンテキストパスはWebコンテナを扱ううえで重要な概念です。Webフレームワークを使用するとコンテキストパスに対する認識が薄くなりがちですが、Webコンテナの前段にロードバランサやリバースプロキシを配置するなど、URLの書き換えが発生する場面ではコンテキストパスに関する十分な理解が必須となってきます。考え方そのものは決して難しいものではないため、しっかりと理解するようにしてください。

Servlet

広義のServletは、**TCP（HTTPを含む）のリクエストを受け取り、何らかの処理を行ったあとに、TCPのレスポンスを返すオブジェクト**です。

WebコンテナではServletインターフェースの実装クラスとして表現されます。基本的な実装はGenericServletクラスで行われているため、アプリケーションではこのサブクラスで固有処理を実装することになります。

狭義のServletは、**HTTPを専門に扱うHTTP Servlet**（HttpServletクラスおよびそのサブクラス）です。HttpServletクラスには、HTTPの各メソッド—GET、POST、PUT、DELETEなど—に対応するメソッド—**doGet**、**doPost**、**doPut**、**doDelete**など—が用意されており、それらが引数の**HttpServletRequest**（インターフェース）からHTTPリクエストの情報を受け取り、HTTPレスポンスとして返す処理結果を**HttpServlet Response**（インターフェース）に設定します。ただし、HttpServletクラスではダミー処理（HTTP 405またはHTTP 400を返す）が実装されているため、アプリケーションではサブクラスで必要な処理をオーバーライドする必要があります。

実装したServletは、そのままではWebコンテナで実行されず、コンテキストパスも割り当てられません。Servletの名前とクラス名、名前とパスの対応付けをweb.xmlデプロイメント記述子に記述するか、Servletのクラスに**@WebServlet**アノテーションを付加することでWebコンテナはServletを認識します（**リスト1**）。よほど複雑な設定でない限り、**@WebServlet**アノテーションを使用するのが良いでしょう。

HTTP Servletには、複数のHTTPセッションにまたがって値を保持できるHTTPセッションオブジェクトという簡易的なKVS（Key-Value Store）が備わっています。HTTPセッションオブジェクトは型安全ではなく、現在ではSession

リスト1 簡単なServletの実装例

```
@WebServlet("hello")
public class HelloServlet extends HttpServlet {

  @Override
  protected void doGet(HttpServletRequest req, HttpServletResponse resp)
      throws ServletException, IOException {
    try (PrintWriter out = resp.getWriter()) {
      out.println("<html><head>");
      out.println("<title>Hello Servlet</title>");
      out.println("</head><body>");
      out.println("<h1>Hello, world</h1>");
      out.println("</body></html>");
    }
  }
}
```

スコープのCDI Bean（後述）で完全に代替できるため、既存コードとの互換性維持を除いて積極的に使用する理由はありません。

なお、Webコンテナのトラブルとして、HTTPセッションオブジェクトの使い過ぎによるOOME（OutOfMemoryError）や、HTTPセッションオブジェクトに起因するメモリリークは非常に多く見られます。これは初心者だけでなく、中〜上級者であってもしばしば起こしてしまうミスのため注意してください。

さて、前述のとおり、Servletはスレッドとして実行されます。基本的に1リクエストにつき1つのServletオブジェクト（すなわちスレッド）が割り当てられます。これについて注意事項が2点あります。

① Servlet内でThreadやExecutorなどを直接使用してはいけません。WebコンテナはServletが動作するスレッドを管理しますが、Servlet内でアプリケーションが独自に作成されたスレッドまでは把握することができないため、どのような動作になるか保証されません（スレッドのメモリリークなどは当然ながら起こり得ますし、さらに悪い事態にもなりかねません）。代わりにManagedExecutorを使用してくださ

い。こちらはWebコンテナ内部のスレッドと干渉せず、安全に使用することができます

② Java EE/Jakarta EE実装は、実際にはServlet用のスレッドプールを用意して大量のリクエスト処理に備えています。スレッドプールのサイズは想定される最大同時リクエスト数に合わせてください。少なすぎるとリクエストの待ちが発生して応答速度とスループットが低下し、逆に多すぎるとヒープメモリ不足でFull GCが多発（最悪の場合OOME）しパフォーマンス全体に悪影響を及ぼします

Jakarta Server Pages

Jakarta Server PagesはServlet技術を利用したHTMLテンプレートエンジンで、拡張子.jspを持つHTMLテンプレートファイルを解釈して動的HTMLを出力します。他のHTMLテンプレート技術と異なる点は、**テンプレートファイルの初回ロード時に同等のServletへと変換され、以降はServletとして実行される**ことです。

Jakarta Server PagesはWeb UI技術としては古参で、現在ではJakarta Server Facesなどのより新しいWeb UI技術が優先して使用されています。しかし、取り扱いが簡単なことから、

現在でも小さなサンプルプログラムなどで使用されています。

Webアプリケーションのパッケージング

WebアプリケーションはWebコンテナにおけるデプロイ単位であり、.warアーカイブにパッケージされます。.warアーカイブには以下のような要素を含めることができます。

- Jakarta Servlet
- Jakarta Server Pages
- Jakarta Server Faces
- Jakarta WebSocket
- Jakarta RESTful Web Services
- Jakarta Persistence
- Managed Bean（Enterprise Beanの一部を除く）
- CDI管理外のクラス・設定ファイル
- 上記を含む外部ライブラリ

また、必要に応じてweb.xmlデプロイメント記述子を含めることができます。

Webアプリケーションのレイアウト

Webアプリケーションの構成ファイルは、**図2**

図2 Webアプリケーションのレイアウト[注2]

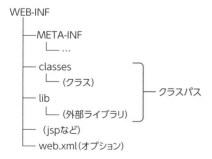

```
WEB-INF
  ├─ META-INF
  │    └─ …
  ├─ classes ┐
  │    └─ （クラス）  │
  ├─ lib           ├─ クラスパス
  │    └─ （外部ライブラリ）┘
  ├─ （jspなど）
  └─ web.xml(オプション)
```

に示すレイアウトで配置し、.warアーカイブとしてパッケージします。

コンポーネント技術

現在のJava EE/Jakarta EEでは、CDI（Bean Manager）が依存関係を管理するオブジェクト（Bean）にビジネスロジックを実装します。これらのBeanは歴史的経緯からいくつかの種類に分かれていますが、基本的にはCDIが直接管理するCDI Beanと、EJBコンテナが付加機能を提供するEnterprise Beanのいずれかを使用します。

Bean（広義のManaged Bean）：
　CDI Bean：CDIによって直接管理される
　Enterprise Bean：EJBコンテナによって管理される
　　Session Bean：同期処理
　　Message-Driven Bean：非同期処理
　Managed Bean（狭義）：Java EE 5で導入。現在はCDIで代替可能なため、使用すべきではない

Java EE 5では、簡易なビジネスロジック向けにDIなどを提供するManaged Beanが規定されました。Java EE 6以降はCDIにより、Managed BeanやEnterprise Beanを統一的に扱うようになっています。

注2) Persistenceの設定ファイルpersistence.xmlはWEB-INF/META-INFディレクトリ以下ではなく、WEB-INF/classes以下にMETA-INFディレクトリを作成してそこに配置する必要があります。
CDIの設定ファイルbeans.xml（オプション）はWEB-INF/META-INFディレクトリ以下、WEB-INF/classes/META-INFディレクトリ以下のいずれか一方でかまいません。

Dependency Injection（DI）

オブジェクトAがオブジェクトBを呼び出すとき、AはBに依存していると言います。この場合、AはBを呼び出すために必要な参照情報を持っている必要があります。Javaにおける最も基本的かつ単純な方法は、Aの処理中にnew演算子でBを生成してそれを呼び出すことです。この方法ではAとBの結合が密になりますが、それでは不都合なケースがいくつか存在します。

① Bを直接生成したくない場合：特定の条件によってBから派生した（＝Bの操作を引き継ぐ）B1, B2, etc.を切り替えて使用したいことがあります。具体的には、動作環境によって実際に呼び出すオブジェクトを変えたい（テスト環境ではスタブオブジェクトなど）場合がこれに該当します

② Bを直接生成できない場合：AとBがネットワーク上の分散オブジェクトで、互いに相手がどこにあるのかわからない状況がこれに当てはまります

オブジェクトの結合を疎にする手段として、Java EEには当初からJNDIが備わっています。この場合、AはBの呼び出しに必要な参照情報を持つ情報源すなわちJNDIにアクセスしてBの情報を取得し、それをもとにBを呼び出すのです。別の表現をすると、AがBの参照情報をPullすることになります（図3）。

これはCORBAなどでも採用されている汎用的な方法です。ただし、AがBの参照情報を問い合わせるところから始まるため、必要となる手順が増えてしまう欠点があります。

さて、ここでもう1つの方法を見てみましょう（図4）。ここではオブジェクトMが何らかの方法でA、Bの参照情報を持っているものとします。AがBを呼び出すことは、Aの定義（クラス）から明らかであるため、MはAに対して、Bの参照情報を設定しておきます（条件によってはB1, B2, etc.を設定します）。ここまで準備が整っていれば、あとはAがBを呼び出すだけで済みます。AのBへの依存（Dependency）をMが注入（Inject）していることから、Dependency Injection（DI、依存の注入）と呼ばれています。DIは、JavaではSpring Frameworkが最初にこの考え方を導入したと言われています。DIではAにBの情報がPushされます。これは前述のJNDIを参照した場合と逆であることから、Inverse of Control（制御の反転）と呼ばれることがあります。

さて、Mの正体についてですが、Java EE 5で

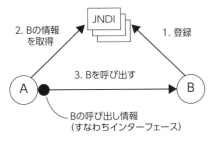

図3 JNDIによる依存性の解決

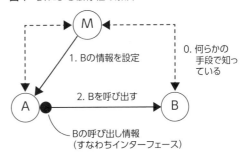

図4 DIによる依存性の解決

はEJBコンテナがこの役割を担っていました。本来はJNDIを参照するコードを記述すべきところを、デフォルト値とアノテーションの組み合わせで隠蔽することによりDIを実現していました。Java EE 6以降は独立したBean Managerとして CDIが導入されています。

Jakarta Dependency Injection

Jakarta EEのDependency Injectionは、CDIではなくJakarta Dependency Injection（DI）という別の仕様にまとめられています。CDIはこのJakarta DIを拡張したものです。

Jakarta DIは、5つのアノテーション（と1つのインターフェース）だけで構成される、とても小さな仕様です（**表1**）。

Jakarta DIには、DI対象のオブジェクトを識別する**Qualifier**、オブジェクトの生成方法を明示する**Scope**、依存オブジェクトの**Injection Point**の3要素があり、いずれもアノテーションで指定します。**リスト2**にJakarta DIのコーディング例を示します。

CDIのライフサイクル管理

CDI Beanは、クラスに**表2**で示すアノテーションを付加することでオブジェクトのScope（生存期間）を明示することができます。Enterprise Beanにはこれらを指定することはできませんが、Session BeanのタイプがScopeに対応します（**表3**）。

注3）CDIではJakarta DIの@Singletonで代用しますが、単独ではCDI Beanとして認識しないため、ステレオタイプ（Qualifier、Scopeなどをグループ化してCDI Beanの役割を明示する方法）を組み合わせて使用します。

表1　Jakarta DIのアノテーション

アノテーション	意味・役割
@Qualifier	これを付加したアノテーションはQualifierとして認識される（Qualifierはクラスに付加）
@Named	組込みのQualifier
@Scope	これを付加したアノテーションはScopeとして認識される（Scopeはクラスに付加）
@Singleton	組込みのScopeで、オブジェクトはアプリケーションを通して1つだけ生成される（シングルトン）
@Inject	これを付加したフィールド、メソッド、コンストラクタはInjection Pointである

リスト2　Jakarta DIを用いたDI

```
@Named
public class ClassA {
  @Inject
  private ClassB objB;

  public void run() {
    System.out.println(objB.getValue());
  }
}
@Named
@Singleton
public class ClassB {
  public String getValue() {
    return "Hello";
  }
}
```

表2　CDI BeanのScope

アノテーション	生存期間
@RequestScoped	HTTPリクエスト
@SessionScoped	複数のHTTPリクエスト
@ApplicationScoped	アプリケーション終了まで
@ConversationScoped	明示された特定の期間
@Dependent	Injection Pointに依存

表3　CDI BeanのScopeとEnterprise Beanの対応

CDI Bean	Enterprise Bean
@RequestScoped	@Stateless
@SessionScoped	@Stateful
@ApplicationScoped	(N/A)
(@Singleton注3)	@Singleton

図5 CDIのインターセプタ

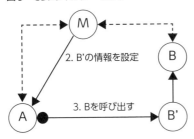

1. 前処理・後処理を含むB'（Bから派生）を生成する
4. 前処理・後処理を行う

→この実装部がインターセプタ

また、**表4**に示すアノテーションを付加したメソッドで前処理・後処理を行うことができます。これはCDI BeanとEnterprise Beanの双方で使用できます。

表4 ライフサイクルアノテーション

アノテーション	意味・役割
@PostConstruct	オブジェクト生成直後に呼び出される（前処理）
@PreDestroy	オブジェクト破棄直前に呼び出される（後処理）

beans.xmlとBean Discovery Mode

CDIの振る舞いはbeans.xml設定ファイルで細かく制御できるようになっています。デフォルトの設定で問題なければ、beans.xmlは省略可能です注4。

beans.xmlには、CDIがBeanを探索する範囲（Bean Discovery Mode）をbean-discovery-mode属性で指定することができます。取り得る値は以下の3種類です。

- **annotated**（デフォルト）：CDIのScopeアノテーションが付加されているなど、CDI Beanであることを明示しているクラスを探索する
- **all**：CDI Beanの要件を満たすクラスを無条件に探索する注5

- **none**：CDI Beanを探索しない（CDIを無効化する）注6

アプリケーションの規模が大きくなるほど、CDIのBean探索にかかるコストが大きくなります。とくにBean Discovery Modeが"all"の場合、.warアーカイブに含まれる外部ライブラリ内を含むクラスすべてが探索対象となり、Bean探索による負荷が無視できなくなります。通常はデフォルト値の"annotated"として、CDI Beanの探索範囲を限定することをお勧めします。

インターセプタ

インターセプタは、前処理・後処理をCDI Bean本体から分離するしくみです（**図5**）。

これは前述の「Bを直接生成したくない」場合の応用です。ポリモフィズムにより、AはBから派生したB'を、Bとして呼び出すことができます。そこで、B'でBのメソッドをオーバーライドし、もとの処理（Bのメソッド）の前後にインター

注4）Java EE 6（CDI 1.0）ではbeans.xmlはCDIを有効化するためのトリガでもあり、CDI使用時には省略することができませんでした（beans.xmlの存在自体が必要であり、内容が空のファイルでも可）。Java EE 7（CDI 1.1）以降ではデフォルトでCDIが有効化されるため、細かな制御を必要とする場合を除いてbeans.xmlは省略可能です。Java EE 8/Jakarta EE 8のCDI 2.0は一部機能をJava SEでも使用できるように改良されていますが、Java SEでCDIを使用する場合はbeans.xmlを省略することはできません。

注5）Java EE 6（CDI 1.0）でbeans.xmlが存在する場合の動作。

注6）Java EE 6（CDI 1.0）でbeans.xmlが存在しない場合の動作。

セプタを実行するようなB'を自動生成します。こうすることにより、AからはB'の存在を意識する必要はなく、Bとインターセプタを分けて考えることができます。また、インターセプタはBとは独立して再利用が可能になります。

なお、CDI Beanにfinal宣言されたメソッドがあるとインターセプタは使用できません。CDIはもとのCDI Beanのサブクラスを自動生成するしくみのため、final宣言されたメソッドが存在するとそれをサブクラスでオーバーライドすることができず、エラーとなります。

@Transactional

CDIのインターセプタのしくみを用いて、JTAでは@**Transactional**アノテーションと宣言的なトランザクションを提供しています。

CDI Beanのクラスに@**Transactional**アノテーションを付加することで、Enterprise Beanと同等のトランザクションが実現されるようになります。また、@**Transactional**アノテーションはメソッドにも付加することが可能であるため、Enterprise Beanよりも細かな設定が可能となっています。

RESTful Web Services

Jakarta RESTful Web Services とは

Jakarta RESTful Web Servicesは、その名前が示すとおり、RESTful Webサービスを実装するためのAPIです。Java EE 6でJAX-RS 1.1として導入されたこのAPIは、アノテーションによる直感的な表記と、あらゆるHTTPリクエスト／

レスポンスを扱える柔軟性から、Webサービスに限らず広くWebアプリケーションで使用できます。

本項では、RESTful Web Servicesの基本について説明します。

リソース

リソースは、**HTTPリクエストを受け取り、処理結果をHTTPレスポンスとして返すオブジェクトです**（図6）。@**Path**アノテーションを付加したクラスとして実装します。

リソースは、処理するHTTPメソッドとパスの組み合わせごとにメソッドを用意し、HTTPメソッドに対応するアノテーション—@**GET**、@**POST**、@**PUT**、@**DELETE**—とパスを表す@**Path**アノテーションを付加します。パスは、クラスに付加された@**Path**とメソッドに付加された@**Path**で階層構造になります（パスの階層は自由に決められます）。

リソースクラスのパラメータはHTTPリクエスト、戻り値はHTTPレスポンスに対応します。すなわち、HTTPリクエスト／レスポンス処理をメソッド呼び出しとして扱えるのです。

図6　RESTful Web Serviceのリソース

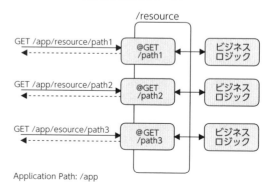

図で示したリソースをコードとして表現したものを**リスト3**に示します。RESTful Web Servicesはいくつかの方法で有効化できますが、最も簡単な方法はjavax.ws.rs.core.Applicationクラスのサブクラスを作成し、**@ApplicationRoot**アノテーションを付加することです。

HTTPリクエスト

HTTPリクエストに含まれるクエリパラメータ（**@QueryParam**）、パス（**@PathParam**）、HTTPヘッダ（**@HeaderParam**）、リクエストボディ（アノテーションなし）などを、メソッドのパラメータとして受け取ることができます。リクエストボディがXMLまたはJSONの場合、XML BindingまたはJSON Bindingを用いてJavaクラスにマッピングされるしくみになっています。

HTTPリクエストのMIME形式は**@Consumes**アノテーションで明示できます。

HTTPレスポンス

メソッドの戻り値がHTTPレスポンスとなります。簡単なレスポンスは直接Javaのデータ型（Stringなど）として返すことが可能です。レスポンスボディをXMLまたはJSONとする場合、XML BindingまたはJSON Bindingを用いることもできます。

複雑なレスポンスはResponseクラスを用いて生成することができます。

HTTPレスポンスのMIME形式は**@Produces**アノテーションで明示できます。

リスト3　RESTful Web Serviceのリソース

```
@Path("resource")
public class RestResource {
  @GET
  @Path("path1")
  @Produces("application/json")
  public Result1 getResult1() {
    // ...
  }

  @GET
  @Path("path2")
  @Produces("application/json")
  public Result2 getResult2() {
    // ....
  }

  @GET
  @Path("path3")
  @Produces("application/json")
  public Result3 getResult() {
    // ...
  }
}
/** Register Jakarta REST Web Services */
@ApplicationRoot("app")
public class ApplicationConfig
        extends Application {
  // No methods are overridden
}
```

HTTPステータス

HTTPステータスは、簡単なレスポンスの場合、処理に成功した場合は200、所定の実行時例外[注7]がスローされた場合は4xxまたは5xx（例外クラスによってHTTPステータスが決定する）、それ以外の実行時例外がスローされた場合は500となります。

HTTPステータスはResponseクラスを用いても設定することが可能です。

CDIとの組み合わせ

リソースクラスにCDIのScopeアノテーション（**@RequestScoped**など）を付加してCDI Beanとすることにより、CDIによるDIを利用することが

注7）　WebApplicationException およびそのサブクラス。

できます[注8]。逆に言うと、明示的にCDI Beanとして構成しない限り、DIを利用することができません（各実装による独自拡張を除く）。

その他の機能

詳細についてはリファレンス実装Jerseyのドキュメントを参照してください。

表5　Java EE 8とJakarta EE 8の対照表

https://eclipse-ee4j.github.io/jersey.github.io/documentation/latest/

Java EE 8とJakarta EE 8の対照表

本節の最後にJava EE 8とJakarta EE 8の対照表を示します（表5）。

Java EE 8	Jakarta EE 8
Java Platform, Enterprise Edition 8 (Java EE 8)	Jakarta EE Platform 8
Enterprise JavaBeans (EJB) 3.2	Jakarta Enterprise Beans 3.2
Common Annotations for Java Platform 1.3	Jakarta Annotations 1.3
Java Servlet 4.0	Jakarta Servlet 4.0
Java API for WebSocket 1.1	Jakarta WebSocket 1.1
JavaServer Faces (JSF) 2.3	Jakarta Server Faces 2.3
JavaServer Pages (JSP) 2.3	Jakarta Server Pages 2.3
Standard Tag Library for JavaServer Pages (JSTL) 1.2	Jakarta Standard Tag Library 1.2
Expression Language 3.0	Jakarta Expression Language 3.0
Debugging Support for Other Languages 1.0	Jakarta Debugging Support for Other Languages 1.0
Java Message Service (JMS) 2.0	Jakarta Messaging 2.0
Java Transaction API (JTA) 1.2	Jakarta Transaction 1.3[注9]
JavaMail 1.6	Jakarta Mail 1.6
Java EE Connector Architecture 1.7	Jakarta Connectors 1.7
Web Services for Java EE 1.4	Jakarta Enterprise Web Services 1.4
Java API for XML-based RPC (JAX-RPC) 1.1	Jakarta XML RPC 1.1
Java API for XML Registries (JAXR) 1.0	Jakarta XML Registries 1.0
Java API for RESTful Web Services (JAX-RS) 2.1	Jakarta RESTful Web Services 2.1
Java API for JSON Processing (JSON-P) 1.1	Jakarta JSON Processing 1.1
Java API for JSON Binding (JSON-B) 1.0	Jakarta JSON Binding 1.0
Java Platform, Enterprise Edition (Java EE) Management 1.1	Jakarta Management 1.1
Java Platform, Enterprise Edition (Java EE) Deployment 1.2	Jakarta Deployment 1.7[注10]
Java Authorization Service Provider Contract for Containers (JACC) 1.5	Jakarta Authorization 1.5
Java Authentication Service Provider Interface for Containers (JASPIC) 1.1	Jakarta Authentication 1.1

注8）　@Statelessアノテーションなどを付加してEnterprise Beanとすることも可能で、その場合にもCDIによるDIを利用することができます（Enterprise BeanコンテナのDIも利用できます）。

注9）　Java EE 8リリース後、仕様の誤りやあいまいさを訂正するためにメンテナンスが行われた仕様。互換性は完全に保たれているため、Jakarta EEではメンテナンス後のバージョンを採用しています。

注10）Java EE Deploymentは Java EE 7でOptionalとなった規格であり、今後一切の改訂を行わないことを明確にするためバージョン番号を1.7に固定しました。バージョン番号こそ異なりますが、新旧APIは完全に同一です。

Java EE 8	Jakarta EE 8
Java EE 8	Jakarta EE 8
Java EE Security API 1.0	Jakarta Security 1.0
Java Persistence 2.2	Jakarta Persistence 2.2
Bean Validation 2.0	Jakarta Bean Validation 2.0
Managed Beans 1.0	Jakarta Managed Beans 1.0
Interceptors 1.2 rev A	Jakarta Interceptors 1.2
Contexts and Dependency Injection for Java EE Platform (CDI) 2.0	Jakarta Contexts and Dependency Injection 2.0
Dependency Injection for Java 1.0	Jakarta Dependency Injection 1.0
Concurrency Utilities for Java EE 1.0	Jakarta Concurrency 1.1
Batch Applications for the Java Platform 1.0 rev A	Jakarta Batch 1.0
JavaBeans Activation Framework (JAF) 1.1[注11]	Jakarta Activation 1.1[注12]
Java Architecture for XML Binding (JAXB) 2.3[注11]	Jakarta XML Binding 2.3[注12]
Java API for XML Web Services (JAX-WS) 2.3[注11]	Jakarta XML Web Services 2.3[注12]
SOAP with Attachments API for Java (SAAJ) 1.3[注11]	Jakarta SOAP with Attachments 1.4[注9]、[注12]
Web Services Metadata for the Java Platform 2.1[注11]	Jakarta Web Services Metadata 2.1[注12]

出典：Jakarta EE Platform Team, "Specification: Jakarta EE Platform, Version: 8", Eclipse Foundation, Inc., 2019, pp.223-226

注11) Java SE 8に含まれるJava EE 8関連仕様。

注12) これらの仕様はJava 8に含まれるため、厳密にはJakarta EE 8の仕様ではありません。ただし、JEP 320 (https://openjdk.java.net/jeps/320) によりJava 11から当該仕様が削除されたため、Java 11以降で動作するJakarta EE 8実装については、これらを仕様の一部として含めて良いことになっています。

3-4

Jakarta EEのこれから

Java EE 8がOracleからEclipse Foundationに移管され、2019年9月に
Jakarta EE 8として再びリリースされました。今後はEclipse Foundation傘
下のJakarta EE Working Groupを中心としたマルチベンダによる標準化に移
行します。本章の締めくくりとなる本節では、Jakarta EEの将来構想について見
ていきたいと思います。

Jakarta EE 9

　2019年12月に次期バージョンとなるJakarta
EE 9のリリース計画が発表されました。Jakarta
EE 9は"Tooling Release"と位置付けられ、各ベ
ンダがJakarta EEに対応したIDEなどのツー
ル等をいち早く提供できるよう、最小限の変更に
とどめています。

　Jakarta EE 9は2020年第2四半期のリリース
を予定しています。

"jakarta"名前空間

　OracleとEclipse FoundationによるJava商標
利用に関する合意により、Jakarta EEが今後
APIを追加または更新する際に、javax名前空間
をパッケージ名として使用することができBなくBな
りました。そのため、Jakarta EEでは今後
"jakarta"名前空間をパッケージ名に使用するこ
とになります。パッケージ名の変更はJakarta EE
9で一斉に実施されます。

　この変更によりJava EE 8/Jakarta EE 8との
後方互換性は失われてしまいますが、それを補

うためのしくみが用意される見込みです[注1]。

Pruning

　Jakarta EE 9では新しい仕様は追加されず、
また各機能の動作も現状維持となります。ただ
し、ほぼ使用されなくなったAPIのいくつかは削
除されることになりました。

　以下の仕様は、Jakarta EE 9で完全に削除さ
れます。

- Jakarta XML Registries（JAX-R）
- Jakarta XML RPC（JAX-RPC）
- Jakarta Deployment（JSR 88）
- Jakarta Management（JSR 77）
- Enterprise Bean（EJB）のDistributed
  Interoperability[注2]

　以下の仕様は、Jakarta EE 9ではオプション
になります。

- Jakarta Enterprise Beans（EJB）2.x API群
- Jakarta Enterprise Web Services

注1）既存のJAR/WARファイルを移行するツールや、クラスの
　　　ロード時にパッケージ名を動的に変換するツールなどの提供
　　　が検討されています。
注2）EJB 2.xのリモート呼び出し規約です。EJB 3.0以降のリモー
　　　トEJBではこの規約は使用されておらず、後方互換性のた
　　　めに残されていました。

Java 8からのAPI追加

Jakarta EE 9はJava 11が動作要件となります。そのため、Java 11で削除されたJAX-WSやJAXBなどのAPIが、Java 8からJakarta EE 9に追加されます。

以下の仕様は、Jakarta EE 9に追加されます。

- Jakarta Activation（JAF）

以下の仕様は、Jakarta EE 9にオプションとして追加されます。

- Jakarta XML Binding（JAXB）
- Jakarta XML Web Services（JAX-WS）
- Jakarta Web Services Metadata
- Jakarta SOAP with Attachments

これらのAPIのパッケージ名についても、名前空間が"javax"から"jakarta"に変更されます。

Jakarta EE 10以降のロードマップ

新機能の追加や既存機能の強化は、さらに次のバージョンであるJakarta EE 10から行われます。詳細についてはまだ白紙の状態ですが、Jakarta Server Faces、Jakarta REST、Jakarta Securityなどの機能強化が有力視されています。Jakarta EE 10は2020年以降のリリースを目標[注3]としています。

Jakarta EE 10以降については、本格的にクラウドネイティブなプラットフォームへと舵を切る

ことになります。現時点では定まっていない後方互換性に関するポリシーやリリースモデル（機能基準のリリースと時間基準のリリースのどちらを採用するか）についても、Jakarta EE 10の時点で決定される予定です。

コミュニティへの働きかけ

Jakarta EEは、より開かれたコミュニティを目指して、2020年以降さまざまな取り組みを行っていく予定です。

- JakartaOne Livestream……年1回開催するグローバル規模のオンラインカンファレンスで、2019年9月に初回開催（そのほか、四半期に1回程度の頻度で各言語圏（たとえば日本）のローカル規模でも同様のオンラインカンファレンスを企画予定[注4]）
- ストリーム配信、ニュースレター、ブログの継続、メーリングリストの拡充など
- Developer Surveyの実施（年1回）
- 各種カンファレンスへの参加
- JUGとの協力関係の強化、JUGが仕様策定に参加できるような環境の整備
- エバンジェリストの活動支援
- これまでJava EE実装を提供してきたベンダや、クラウドプロバイダに対する、Jakarta EEワーキンググループへの参加を呼びかけ

注3）本書執筆時点におけるJakarta EEワーキンググループの公式発表に基づきます。進捗状況にもよりますが、実際のリリースは2021年になると予想されます。

注4）第1弾が2020年2月開催の「JakartaOne Livestream Japan」（https://jakartaone.org/jp/japan2020/）です。日本のJavaコミュニティのボランティア企画として始まったものですが、その取り組みはJakarta EEワーキンググループでも高く評価され、ローカル規模のJakartaOneも企画していく運びになりました。

参考文献

- Shannon, B., "Java 2 Platform, Enterprise Edition Specification, v1.2", Sun Microsystems, Inc., 1999

- Shannon, B., "Java 2 Platform, Enterprise Edition Specification, v1.3", Sun Microsystems, Inc., 2001, https://jcp.org/en/jsr/detail?id=58

- Shannon, B., "Java 2 Platform, Enterprise Edition Specification, v1.4", Sun Microsystems, Inc., 2003, https://jcp.org/en/jsr/detail?id=151

- Shannon, B., "Java Platform, Enterprise Edition (Java EE) Specification, v5", Sun Microsystems, Inc., 2006, https://jcp.org/en/jsr/detail?id=244

- Chinnich, R., Shannon, B., "Java Platform, Enterprise Edition (Java EE) Specification, v6", Sun Microsystems, Inc., 2009, https://jcp.org/en/jsr/detail?id=316

- Chinnich, R., Shannon, B., "Java Platform, Enterprise Edition (Java EE) Web Profile Specification, v6", Sun Microsystems, Inc., 2009, https://jcp.org/en/jsr/detail?id=316

- DeMichiel, L., Shannon, B., "Java Platform, Enterprise Edition (Java EE) Specification, v7" (Rev A, Maintenance Release), Oracle America, Inc., 2015, https://jcp.org/en/jsr/detail?id=342

- DeMichiel, L., Shannon, B., "Java Platform, Enterprise Edition (Java EE) Web Profile Specification, v7", Oracle America, Inc., 2013, https://jcp.org/en/jsr/detail?id=342

- DeMichiel, L., Shannon, B., "Java Platform, Enterprise Edition (Java EE) Specification, v8", Oracle America, Inc., 2017, https://jcp.org/en/jsr/detail?id=366

- DeMichiel, L., Shannon, B., "Java Platform, Enterprise Edition (Java EE) Web Profile Specification, v8", Oracle America, Inc., 2017, https://jcp.org/en/jsr/detail?id=366

- Jakarta EE Platform Team, "Specification: Jakarta EE Platform, Version: 8", Eclipse Foundation, Inc., 2019, https://projects.eclipse.org/projects/ee4j.jakartaee-platform

- Jakarta EE Platform Team, "Specification: Jakarta EE WebProfile, Version 8", Eclipse Foundation, Inc., 2019, https://projects.eclipse.org/projects/ee4j.jakartaee-platform

- Reinhold, M., "Java SE 8 Final Release Specification", Oracle America, Inc., 2014, https://jcp.org/en/jsr/detail?id=337

- Reinhold, M., "Java SE 7 Final Release Specification", Oracle America, Inc., 2011, https://jcp.org/en/jsr/detail?id=336

- Oracle, and et.al., "Java Platform Standard Edition 8 Documentation", Oracle America, Inc., 2014, https://docs.oracle.com/javase/8/docs/

- Oracle, and et.al., "Java Platform Standard Edition 7 Documentation", Oracle America, Inc., 2011, https://docs.oracle.com/javase/7/docs/

- Ellis, J., Ho, L. "JDBC 3.0 Specification", Sun Microsystems, Inc., 2002

- Andersen, L., "JDBC 4.3 Specification", Oracle America, Inc., 2017, https://jcp.org/en/jsr/detail?id=221

- Chan, S. W., Burns, E., "Java Servlet Specification, Version 4.0", Oracle America, Inc., 2017, https://jcp.org/en/jsr/detail?id=369

- King, G., "Contexts and Dependency Injection for the Java EE platform", Red Hat Middleware, LLC, 2009, https://jcp.org/en/jsr/detail?id=299

- Sabot-Durand, A., "Contexts and Dependency Injection for Java 2.0", Red Hat, Inc., 2017, https://jcp.org/en/jsr/detail?id=365

- Lee, B. and Johnson, R., "Dependency Injection for Java", Google and SpringSource, 2009, https://jcp.org/en/jsr/detail?id=330

- Jakarta EE Tutorial Project, "The Jakarta EE 8 Tutorial", Eclipse Foundation, Inc., 2019, https://eclipse-ee4j.github.io/jakartaee-tutorial/toc.html

- Milinkovich, M., "Update on Jakarta EE Rights to Java Trademarks", Eclipse Foundation, Inc., 2019, https://blogs.eclipse.org/post/mike-milinkovich/update-jakarta-ee-rights-java-trademarks

- Tijms, A., "Jakarta EE 8: Past, Present, and Future", Eclipse Foundation, Inc., 2019, https://www.eclipse.org/community/eclipse_newsletter/2019/august/jakartaee8.php

- Tijms, A., "Jakarta EE 9 - 2019 Outlook", Eclipse Foundation, Inc., 2019, https://www.eclipse.org/community/eclipse_newsletter/2019/february/Jakarta_EE_9.php

- Jakarta EE Working Group, "Jakarta EE Working Group 2020 Program Plan", Eclipse Foundation, Inc., 2019

第**4**章

MicroProfileが拓く
Javaのマイクロサービス

MicroProfileはJava EE（Jakarta EE）技術から派生した、マイクロサービスのためのコミュニティ標準です。マイクロサービスの開発・運用に必要な各種技術で構成され、それらはクラウドネイティブな環境で普及している仕様に準拠しています。本章では、MicroProfileの特長と具体的な使い方、Jakarta EEとの関係について解説します。

蓮沼 賢志　*HASUNUMA Kenji*（日本GlassFishユーザー会）
Twitter：@khasunuma

4-1　MicroProfileとは?
4-2　MicroProfileによるマイクロサービス開発

4-1

MicroProfileとは？

MicroProfileはJava EE（Jakarta EE）技術を基礎としたマイクロサービス向けのAPIセットです。本節では、MicroProfileの概要と成立背景について見ていきます。

1968年に"software crisis"[注1]が叫ばれて以降、解決策としてさまざまなソフトウェアアーキテクチャ技法が考案されてきました[注2]。その中で近年注目を浴びているものが、2014年に提唱された**マイクロサービスアーキテクチャ（MSA）**です。

MSAは「6-1　軽量フレームワークが続々登場している理由」でも紹介していますが、それぞれが独立したプロセスでアプリケーションを動作

し、HTTPなどの軽量な通信プロトコルで通信するマイクロサービスの集合体として構成する技法を言います[注3]。「マイクロサービス（Microservices）」の対義語として、従来型のアプリケーションを「モノリス（Monolith）」と呼称します（**図1**）。

マイクロサービスがモノリスに優越している点

注1）　NATO Software Engineering Conference 1968にて。
注2）　それでも、Brooksが"No silver bullet"と評するように、万能な特効薬のような技法はいまだに登場していません。

注3）　一昔前に流行したSOA（Service Oriented Architecture）と本質的には同じものです。かつてのSOAが厳密に定義されたXMLによるWebサービスを用いていたのに対して、マイクロサービスでは制約の緩いRESTful Webサービスがおもに採用されます。

図1　モノリスとマイクロサービス

出典：Röwekamp, L., et al, "Eclipse MicroProfile white paper 2019", Eclipse Foundation, Inc., 2019, pp.4-5
Eclipse Public License - v 2.0 (https://www.eclipse.org/legal/epl-2.0/) に基づき引用

はいくつかありますが、特徴的なものとしてサービス単位でスケールさせられることが挙げられるでしょう。アプリケーションの一部分のみ負荷が高くなった場合、モノリスではアプリケーション全体をスケールする必要があり、それには大きなコストがかかりました。マイクロサービスでは負荷が高くなったサービスだけをスケールさせられるため、最小限のコストで負荷変動に対応できます[注4]。

マイクロサービスはREST APIで通信しますが、それ以外については各サービスの機能に合わせて最適な技術を選択します。サービスは互いに独立していますので、相手方のサービスがどのような技術で実装しているか深く考量する必要はありません。

MicroProfile

MicroProfileはJavaのマイクロサービスを開発するうえで必要なAPIセットの標準で、ベンダやJUGなどのコミュニティ[注5]が主導で開発が進められています。MicroProfileはJava EE（Jakarta EE）技術を基礎としており、Java EE開発者にとって馴染みやすく、また双方の技術を必要に応じて容易に組み合わせられるメリットもあります。

MicroProfile成立の背景

MicroProfileが誕生した2016年当時は、Java EE 8の仕様策定が難航し、その将来が不安視さ

れた時期でした[注6]。その中でのMicroProfile登場はJava EEに新たな可能性を生み出すものとして大いに期待が寄せられました。

MicroProfileはJava EE 8の教訓から、以下に重点を置いています。

- コミュニティ主導であること
- 仕様よりも動作する実装を優先すること
- 頻繁かつ定期的にリリースすること（年3回）

初版であるMicroProfile 1.0は2016年9月にリリースされ、同年12月にはEclipse Foundation傘下のプロジェクトとなりました。

MicroProfileの構成

MicroProfile 1.0はJava EE 7のCDI 1.1、JAX-RS 2.0、JSON-P 1.0だけで構成されていました。その後、バージョンアップのたびにMicroProfile発のAPIが順次追加されました。

MicroProfile 2.0以降ではJava EE 8ベースとなり、新たにJSON-Bが加わりました。2019年6月にリリースされたMicroProfile 3.0では、一部APIに後方互換性を失う変更があります[注7]。

本書執筆時点での最新版は、2019年11月リリースのMicroProfile 3.2（**図2**）です。

注4）　Kubernetesのようなオーケストレーションツールは、マイクロサービスのこのような振る舞いをサポートする役割も持っています。

注5）　設立時のメンバーは、IBM、Red Hat、Payara、Tomitribeの4ベンダと、LJC、SouJavaの2つのJUGです。

注6）　第3章「Java EEからJakarta EEへ　新しいEnterprise Java」でも述べたように、Reza Rahman氏を中心とするJava EE Guardians（https://javaee-guardians.io/）がJava EE開発継続に向けたロビー活動を行っていました。

注7）　MetricsとHealth Checkがメジャーバージョンアップにより一部後方互換性を失っているため、メジャーバージョンが2から3へ上がっています。その他のAPIについては2019年2月リリースのMicroProfile 2.2から大きな変更はありません。

図2　MicroProfile 3.2 API一覧

Rest Client 1.3	Health Check 2.1	Metrics 2.0	Config 1.3
OpenTracing 1.3	Fault Tolerance 2.0	JWT Authentication 1.1	OpenAPI 1.1
CDI 2.0	JSON-P 1.1	JAX-RS 2.1	JSON-B 1.0

表1　主なMicroProfile実装

ベンダ	実装名
IBM	Open Liberty
	WebSphere Liberty
Payara	Payara Server
	Payara Micro
Red Hat	WildFly
	JBoss EAP
	Thorntail (WildFly Swarm)
Tomitribe	Apache TomEE
Kumuluz	KumuluzEE
Oracle	Helidon MP
富士通	Launcher
SmallRye	SmallRye

MicroProfileの主な実装

　MicroProfileは複数のベンダから実装が提供されています。主な実装を**表1**に示します。

4-2 MicroProfileによるマイクロサービス開発

本節ではMicroProfileが用意している各種APIについて取り上げます。また、MicroProfileによる開発に有用なツールについても紹介します。

MicroProfileの概要

MicroProfileは、**図1**に示すように、Java EEのCDI、JAX-RS、JSON-P、JSON-Bを核として、それを補うAPIから構成されています。これらは業界標準に準拠しており、外部ツールと連携させられるように設計されています。

ConfigとMetricsはサービス全体の基本機能を提供します。これらの機能はマイクロサービスだけでなくモノリスでも有用です。

Fault ToleranceとHealth Checkはサービスの可用性に関わるいくつかの機能を提供します。また、OpenTracing仕様[注1]に準拠したトレース機構も備えています。

注1）https://opentracing.io/

図1 MicroProfile APIの相互関係

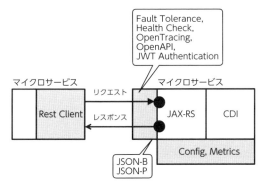

JWT Authenticationは、JSON Web Token（JWT）に基づく認証をサポートします。

サービスが提供するAPIはOpenAPI仕様[注2]に基づきドキュメント化されます。そして、サービスのAPIに対してタイプセーフにアクセスするためのRest Client APIも用意されています。

マイクロサービス開発の手順

MicroProfileはJava EE（Jakarta EE）技術がベースとなっているため、Java EE（Jakarta EE）のWebアプリケーション開発と同様の手順でマイクロサービスを開発することができます。Mavenプロジェクトのpom.xmlにMicroProfileの依存関係（**リスト1**）を追加すると、MicroProfileの各機能を使用できるようになります。

ビルド方法は、使用する実装によって異なりますが、通常の.warアーカイブか、ランタイムと一

注2）https://www.openapis.org/

リスト1 Maven依存関係（MicroProfile 3.2）

```xml
<dependency>
  <groupId>org.eclipse.microprofile</groupId>
  <artifactId>microprofile</artifactId>
  <version>3.2</version>
  <type>pom</type>
  <scope>provided</scope>
</dependency>
```

体化した実行可能JAR（UberJAR）のいずれか
を用います[注3]。多くの場合では、ポータビリティを
考慮して実行可能JARを選択することになるで
しょう。ただし、実行可能JARはビルドに時間が
かかりフットプリントも大きくなる傾向にあるた
め、開発時には.warアーカイブとランタイムの
ホットデプロイ機能を組み合わせる方法も採ら
れます（開発環境によってはデバッガを併用する
ことも可能です）。

MicroProfile Starter

MicroProfileでは、MicroProfile Starter（**図
2**）というWebベースのツールを提供しています
（https://start.microprofile.io/）。

MicroProfile Starterでは、MicroProfileの
バージョンと実装の組み合わせ、実装したい仕
様を選択すると、Maven形式のサンプルプロ
ジェクトが生成できます。プロジェクトをビルド
すると実行可能JARが生成されますので、別途
ランタイムを用意する必要もありません（具体的
なビルドおよび実行方法は、プロジェクトに含ま

れるreadme.mdに記述されています）。

プロジェクトには選択した仕様のサンプル
コードが含まれていますので、統合開発環境
（IDE）にインポートして、サンプルコードに触れ
ながら学習するのに最適でしょう。

また、生成されたプロジェクトには各実装固有
のビルド設定がすでに含まれています。通常、こ
のビルド設定の記述には手間がかかりますが、
MicroProfile Starterはあらかじめ完全な設定を
出力してくれます。そのため、サンプルコードを
一切生成せず、単純に雛型を生成する目的にも
使用することができます。

なお、MicroProfile StarterにはREST APIも
用意されており[注4]、**curl**などのコマンドを用いて
CLIからも実行することができます。このREST
APIを利用した各IDE向けのプラグインも開発
中で、本書執筆時点ではVisual Studio Codeの
拡張機能[注5]およびIntelliJ IDEAのプラグイン[注6]
が提供されています。

Jakarta EE Essentials Archetype

MicroProfile Starterの代わりに、Adam
Bien[注7]氏が開発したJakarta EE Essentials
Archetypeを雛型として使用することもできます。

`https://github.com/AdamBien/JakartaEE-essentials-archetype`

注3）　Payara Serverのように.warアーカイブのデプロイにのみ対応する実装や、逆にThorntailやKumuluzEEのように実行可能JARのみ生成する実装もあります。

注4）　最新のREST API仕様は https://start.microprofile.io/api/ で確認できます（OpenAPI形式）。

注5）　Visual Studio CodeのMarketplaceからインストール可能です。本書執筆時点のURLは https://marketplace.visualstudio.com/items?itemName=MicroProfile-Community.mp-starter-vscode-ext です。

注6）　IntelliJ IDEAプラグインのMarketplaceからインストール可能です。本書執筆時点のURLは https://plugins.jetbrains.com/plugin/13386-microprofile-starter/ です。

注7）　ドイツのJava Champion。ブログ（http://www.adam-bien.com/roller/abien/）や毎月のストリーミング配信airhacks（http://airhacks.tv/）はJakarta EE/MicroProfileの貴重な情報源となっています。

図2　MicroProfile Starter

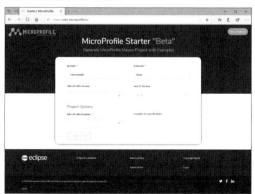

こちらはサービスを.warアーカイブとして生成したい場合や、Java EE（Jakarta EE）APIと積極的に組み合わせる際に有用です。

MicroProfile APIひとめぐり

CDI、JAX-RS、JSON-B/JSON-P

CDIとJAX-RSはMicroProfileの中核です。究極的には、これらとJSON-B（またはJSON-P）を用いることで、すべてのマイクロサービスを実装できます。CDIとJAX-RSについては第3章「Java EEからJakarta EEへ　新しいEnterprise Java」も参照してください。

Config

Config APIは、環境に依存する設定値をサービス本体から分離する機能を提供します。

設定値はConfigソースと呼ばれる領域からCDIを用いて取得します。標準のConfigソースとして、システムプロパティ、環境変数、既定のプロパティファイル（microprofile-config. properties）が用意されています。Configソースを独自に実装して、データベースやファイルシステムなどを使用することもできます。

設定値はいずれかのConfigソースに存在している必要があります。複数のConfigソースに存在している場合は、Configソースに設定された優先順位に従います。

運用環境ではシステムプロパティまたは環境変数から確実に設定値を取得[注8]できるようにす

るとともに、可能な限り既定のプロパティファイルに値を設定し、NullPointerExceptionを回避するようにしてください。

Config APIのようなしくみはマイクロサービスに限らず有用であり、実際にJava EE 8で同様の仕様が検討されていました[注9、注10]。

Config APIの詳細は、https://microprofile.io/ project/eclipse/microprofile-config を参照してください。

Metrics

JavaにはJMXという標準のモニタリング機能が備わっていますが、独自プロトコルを用いているため、REST APIを使用するマイクロサービスには馴染みません。そこで、同様の機能をRESTful Webサービスとして提供するようにするものがMetrics APIです。

Metrics APIでは、エンドポイント**/metrics**にアクセスするとサービスの状態をJSONまたはOpenMetrics（Prometheus）形式で出力します[注11]。Prometheusから直接サービスを監視できるだけでなく、JSONで取得して任意のフォーマットに変換可能な柔軟性も兼ね備えています。

Metrics API仕様では、JMXで取得可能なJVMメトリクスは必ず取得するように規定されています（**/metrics/base**）。そのほかに実装固有のメトリクス（**/metrics/vendor**）が存在し、サービスでも独自のメトリクス（**/metrics/ application**）を定義可能です。

注8）既定のプロパティファイルはサービス本体から分離できないため、運用時の設定をここから取得することは好ましくありません。

注9）https://blogs.oracle.com/theaquarium/java-ee-8-community-survey-results-and-next-steps

注10）JSR 382: Configuration API - https://jcp.org/en/jsr/detail?id=382

注11）Metrics 2.0（MicroProfile 3.0）以降ではPrometheus形式の出力仕様などが訂正された結果、Metrics 1.1（MicroProfile 2.2）以前との後方互換性を失っています。

Fault Tolerance

Fault Toleranceはサービスで障害が発生した場合の振る舞いをあらかじめ定義し、サービスをアプリケーションから切り離して縮退運転を行う手助けをします。具体的にはタイムアウト、リトライポリシー、フォールバック（代替サービスへの切り替え）、バルクヘッド（障害個所の切り離し）、サーキットブレーカ（障害復旧までのアクセス停止）といった機能を提供します。

Fault Tolerance APIの詳細は、https://microprofile.io/project/eclipse/microprofile-fault-tolerance を参照してください。

Health Check

Health Check APIは、端的に言うとサービスの利用可否を外部に公開するための機能です。サービスのエンドポイント**/health**にアクセスすると、そのサービスの提供可否に関する情報を取得することができます[12]。出力形式はKubernetesと互換性[13]があります。

Health Check APIの詳細は、https://microprofile.io/project/eclipse/microprofile-health を参照してください。

OpenTracing

MicroProfileには、OpenTracing[14]仕様に準拠したトレースを実現するためのJAX-RS拡張APIが含まれています。後述のRest Clientと連携することも可能です。

OpenAPI

MicroProfileには、サービスが提供するAPI定義をOpenAPI[15]v3仕様に準拠するドキュメントとして出力する機能が備わっています。サービスのエンドポイント**/openapi**にアクセスすることで、それを取得することができます。

OpenAPIではドキュメンテーションのための各種アノテーションが用意されていますが、それらを一切付加していない場合であっても、JAX-RSリソースクラスから取得できる最低限の情報をドキュメント化します。

JWT Authentication

MicroProfileにはJSON Web Token（JWT）[16]による認証をサポートするAPIが備わっています。JWTを自力で実装するのは骨が折れる仕事ですが、MicroProfileのJWT Authentication APIを使用することでその作業を簡略化できます。

Rest Client

JAX-RSには高機能なクライアントAPIが備わっています。あらゆるHTTPリクエスト／レスポンスを扱える柔軟性を持つ一方で、HTTPのプリミティブな部分にも触れるため、サービス呼び出しがタイプセーフでない、サービスのURLがハードコーディングであり異なる環境に対して柔軟に対応できないなどのデメリットがありました。

注12）Health Check 2.0（MicroProfile 3.0）で出力形式が修正されたため、Health Check 1.0（MicroProfile 2.2以前）との後方互換性が失われています。

注13）エンドポイント/healthは、Kubernetes側が想定しているヘルスチェック用エンドポイントの既定値でもあります。

注14）https://opentracing.io/

注15）https://www.openapis.org/

注16）https://tools.ietf.org/html/rfc7519

図3 マイクロサービスのオーケストレーション

出典：Röwekamp, L., et al, "Eclipse MicroProfile white paper 2019", Eclipse Foundation, Inc., 2019, p.9
Eclipse Public License - v 2.0 (https://www.eclipse.org/legal/epl-2.0/) に基づき引用

MicroProfile Rest Client APIは、タイプセーフなサービスへのアクセスを実現するためのラッパーのような存在で、JAX-RSクライアントAPIのプリミティブな部分を隠蔽し、サービスへのアクセスをJavaのメソッド呼び出しのように扱うことを可能にします。

Rest Client APIでは、まずサービスへのアクセスを提供するインターフェースを定義し、それをCDIの機能によりインスタンス化します。呼び出し元からは、このインターフェースのメソッドを使用してサービスのAPIにアクセスします。その背後ではJAX-RSによる通信が行われているわけですが、開発者はその詳細まで把握する必要はありません。

また、Rest Client APIはConfig APIを経由してアクセスするサービスのURLを自動的に取得する機能が備わっています。これにより、環境に依存しない形でサービス呼び出しを実装することが可能となっています。非同期呼び出しにも対応し、オーケストレーション形式のサービス呼び出し（**図3**）がより簡単に行えるようになっています。

このようにサービスの呼び出しを抽象化するしくみは、古くはCORBAのIDLやEJB 2.xの複雑なインターフェース、SOAP WebサービスのWSDLなどで実装されてきました。MicroProfileのRest Clientはその子孫とも言える存在です。

Rest Client APIの詳細は、https://microprofile.io/project/eclipse/microprofile-rest-client を参照してください。

MicroProfile の Sandbox プロジェクト

MicroProfileでは、Sandboxプロジェクトとして新しい仕様の策定にも取り組んでいます。本節の締めくくりとして、現在Sandboxプロジェクトで、かつ今後MicroProfileに取り入れられる可能性のある仕様について紹介します。

Reactive

現時点でReactive Streams OperatorsとReactive Messagingの仕様が策定されています。MicroProfileではこれらの実装を提供していませんが、既存の実装[注17]を取り込む形で仕様化しています。

Long Running Actions (LRA)

Long Running Action（LRA）は、一言で表すのなら「マイクロサービス間でトランザクション処理を実現するようなもの」です。RESTでト

ランザクション処理を実現することは非常に難しい課題ではありますが、今後MSAを広範囲に適応していくうえで、この技術は必須になることでしょう。

LRAの詳細については、https://microprofile.io/project/eclipse/microprofile-lra を参照してください。

GraphQL

MicroProfileでは、RESTに加えてGraphQL[注18]によるAPI呼び出し仕様の策定も進めています。

注17）Reactive Streams OperationsはAkka Streams、Zero Dependency、SmallRyeなど、Reactive MessagingはLightbend Alpakka、SmallRye Reactive Messagingなど。

注18）https://graphql.org/

参考文献

- Röwekamp, L., et al, "Eclipse MicroProfile white paper 2019", Eclipse Foundation, Inc., 2019
- MicroProfile Team, "MicroProfile 3.2 Specification", Eclipse Foundation, Inc, 2019, https://github.com/eclipse/microprofile/releases/tag/3.2
- Struberg, M., Jiang, E., et al, "Configuration API for Java, v1.0" (Draft), Eclipse Foundation, Inc., 2019, https://jcp.org/en/jsr/detail?id=382
- Struberg, M., Jiang, E., Ament, J. D., "Configuration for Microprofile" (Version 1.3), Eclipse Foundation, Inc., 2018, https://github.com/eclipse/microprofile-config/releases/tag/1.3
- Jiang, E., Sabot-Durant, A., Rouse, A., "Microprofile Fault Tolerance" (Version 2.0.1), Eclipse Foundation, Inc., 2019, https://github.com/eclipse/microprofile-fault-tolerance/releases/tag/2.0.1
- Microprofile community, "MicroProfile Health" (Version 2.1), Eclipse Foundation, Inc., 2019, https://github.com/eclipse/microprofile-health/releases/tag/2.1
- De Magalhaes, A., et al, "MicroProfile OpenAPI Specification" (Version 1.1.2), Eclipse Foundation, Inc., 2019, https://github.com/eclipse/microprofile-open-api/releases/tag/1.1.2
- Bourne, D., et al, "Metrics for Eclipse MicroProfile" (Version 2.2), Eclipse Foundation Inc., 2019, https://github.com/eclipse/microprofile-metrics/releases/tag/2.2
- Ament, J.D., et al, "Rest Client for MicroProfile" (Version 1.3.3.), Eclipse Foundation, Inc., 2019, https://github.com/eclipse/microprofile-rest-client/releases/tag/1.3.3
- Fontes, S., Rupp, H. W., Loffay, P., "Eclipse MicroProfile OpenTracing" (Version 1.3.1), Eclipse Foundation, Inc., 2019, https://github.com/eclipse/microprofile-opentracing/releases/tag/1.3.1
- Roper, J., Escoffier, C, Hutchison, G., "MicroProfile Reactive Streams Operators Specification" (Version 1.0.1), Eclipse Foundation, Inc., 2019, https://github.com/eclipse/microprofile-reactive-streams-operators/releases/tag/1.0.1
- Roper, J., Escoffier, C, Hutchison, G., "MicroProfile Reactive Messaging Specification" (Version 1.0), Eclipse Foundation, Inc., 2019, https://github.com/eclipse/microprofile-reactive-messaging/releases/tag/1.0
- McCright, A., et al, "GraphQL for MicroProfile" (Version 1.0-M4), Eclipse Foundation, Inc., 2019, https://github.com/eclipse/microprofile-graphql/releases/tag/1.0-M4
- Naur, P., and Randell, B., "NATO SOFTWARE ENGINEERING CONFERENCE 1968", NATO SCIENCE COMMITTEE, 1969
- Brooks, F., "No Silver Bullet - Essence and Accidents of Software Engineering", IEEE, 1987
- Lewis, J., and Fowler, M., "Microservices", ThoughtWorks, 2014, https://martinfowler.com/articles/microservices.html

第 **5** 章

ネイティブイメージ生成で注目! Javaも他言語も高パフォーマンスGraalVM

本章では、プログラミング言語としてのJavaという視点から視野をさらに広げて、実行環境である仮想マシン（Virtual Machine：VM）に目を向けます。既存のJVMをベースとしながら、驚くほどの機能を加えたGraalVMという仮想マシンが2019年にリリースされました。GraalVMは、すでに今までのJavaアプリケーション開発の常識を変えつつあります。ここでは、単にGraalVMの使い方だけにとどまらず、内部構造や歴史的経緯まで、深く解説します。

阪田 浩一　*SAKATA Koichi*
https://www.sakatakoichi.com/　Twitter：@jyukutyo

5-1　あらゆる言語を実行できるVM!?
5-2　GraalVMを試してみよう
5-3　GraalVM JITコンパイラとTruffle
5-4　GraalVMの組み込みとネイティブイメージ
5-5　GraalVMの適用事例
5-6　GraalVMが照らすJavaの未来

5-1 あらゆる言語を実行できるVM!?

2019年5月に、GraalVMという仮想マシンがOracle社からリリースされました。GraalVMは、既存のJVMをベースにして開発された、Javaだけでなくさまざまな言語を実行できるユニバーサルVMです。

あらゆる言語を実行できる「ユニバーサルVM」とは

　もしも、あらゆるプログラミング言語のコードを実行できる、そんな夢のようなVMがあったら――。

　普段、みなさんが書くJavaコードを実行するのは、Java仮想マシン（JVM）です。実はJVMは、Java以外の言語のコードを実行できます。ScalaやKotlin、Groovyなど、JVM向けに新規開発した言語や、Rubyの実装の1つであるJRubyなど、JVMで実行できるJava以外の言語は、以前からありました。さらに詳しく書くと、JavaScriptもJDKに含まれるNashornというJavaScriptエンジンを使って実行できました（なお、Java 11でNashornは非推奨となりました）。

　しかし、1つの言語を実装して、実際のアプリケーションで利用できるレベルにまで仕上げることは、とても労力を要する作業です。加えて、Javaでの利用を想定して設計されているJVMに向けて、その言語を実装するとなると、さまざまな実装上の制約を乗り越えなければなりません。

　2019年5月に、GraalVMという仮想マシンがOracle社からリリースされました。GraalVMは、「ユニバーサルVM」という標語を掲げています。ユニバーサルという単語のここでの意味は、「あらゆる用途に適している」ということ、言い換えると、「あらゆる言語のコードを実行するための機能と能力がある仮想マシンである」ということです。GraalVMは、JVMをベースにしているため、Javaや前述した言語のコードは、もちろんすべて実行できます。しかし、それだけではありません。GraalVMは、言語を実装するためのライブラリを提供しています。そのライブラリにあるAPIを利用して、言語の実装を進められます。またGraalVMの機能により、十分なパフォーマンスで、それらの言語を実行できるのです。

　もしかすると、GraalVMについてのここまでの説明は、みなさんが見聞きしたことがある内容と、大きく異なっているかもしれません。GraalVMは、Javaコードをネイティブコードに変換するネイティブイメージ生成機能を持っており、このネイティブイメージがとくに注目を集めているからです。しかし、GraalVMは、単にネイティブイメージ生成のためのツールではありません。本章全体で、GraalVMの本当の姿を知っていただけるように、解説します。

5-2 GraalVMを試してみよう

GraalVMをダウンロードしてセットアップし、同梱されているJavaScriptを実行します。また、GraalVMのエディションの違いも解説します。

GraalVMのダウンロードとセットアップ

さっそく、GraalVMでさまざまな言語の実行を試しましょう。まず、GraalVMの公式Webサイトから、GraalVMをダウンロードします。ダウンロードページ（https://www.graalvm.org/downloads/）にアクセスすると、**図1**のような画面が表示されます。

ダウンロードページにあるとおり、GraalVMには以下の2つのエディションがあります。

- Community Edition（CE）
- Enterprise Edition（EE）

図1　ダウンロードページ

CEは、オープンソースであり、ライセンスはクラスパス例外付きGPL v2です。ソースをGitHubで公開しており（https://github.com/oracle/graal）、無償で利用できます。EEは、商用で利用する場合、ライセンス契約が必要です。つまり、EEは有償です。ただし、評価目的であれば、EEを無償で利用して、試せます。CE、EEともに対応OSはWindows、macOS、Linuxですが、Windowsのみ正式対応ではなく、Experimental（試験的対応）です。

CEとEEの機能的な違いは、おもに以下の点です。

- EEは、CEより実行速度が向上しており、メモリ使用量も小さい
- EEは、セキュリティ機能を強化している

本章ではCEを使いますので、前述のダウンロードページからCEをダウンロードします。GraalVM CEのバージョンは、執筆時点で19.3.0です。この19は2019年を表します。このバージョン19.3で、Java 11に対応しました。19.3以前は、Java 8にしか対応していませんでした。19.3以降は、Java 8ベースと、Java 11ベースのGraalVMの2つのバージョンがありますので、使用する状

127

況に合わせて、8と11を選択できます。執筆時点で、8はOpenJDK 8u232ベース、11はOpenJDK 11.0.5ベースです。

　ダウンロードページから、「graalvm-ce-java[8または11]-[OS種別]-amd64-19.3.0」といった名前のファイルをダウンロードします。本章では、Java 11に対応したGraalVM CEを試します。graalvm-ce-java11で始まる、今使用しているOS向けのファイルをダウンロードします。macOSの場合は、「graalvm-ce-java11-darwin…」です。ダウンロードが完了したら、ファイルを解凍し、任意のディレクトリに配置します。環境変数PATHに、解凍したGraalVMディレクトリ内にあるbinディレクトリを追加します。binディレクトリは、WindowsとLinuxならGraalVMディレクトリ直下に、macOSではContents/Home内にあります。

　コマンドプロンプトやターミナルで`java -version`コマンドを実行して、以下のようになればセットアップは完了しています。なお、筆者のOSは、macOS 10.14.6です。

```
$ java -version
openjdk version "11.0.5" 2019-10-15
OpenJDK Runtime Environment (build 11.0.5+10↵
-jvmci-19.3-b05-LTS)
OpenJDK 64-Bit GraalVM CE 19.3.0 (build 11.0↵
.5+10-jvmci-19.3-b05-LTS, mixed mode, sharing)
```

　「GraalVM CE 19.3.0」と出力されており、パスが正しくGraalVMに通っています。

GraalVM上でJavaScriptを実行してみよう

　GraalVMは、JavaScriptの実装を同梱しています。まず、JavaScriptを試してみましょう。コマンドプロンプトやターミナルで「js」と入力し、

実行します。次のようになります。

```
$ js
>
```

　では、JavaScriptのコードを入力して実行しましょう。

```
> console.log("test")
test
```

　これだけでは、単にGraalVMがJavaScriptのコードを実行できたというだけですね。実は、GraalVMは、単にさまざまな言語のコードを実行できるというだけではなく、言語間で互いに呼び出し合うことができます。今、JavaScriptを使いましたが、GraalVMはJavaも実行できます。つまり、JavaScriptからJavaのコードを、また逆にJavaからJavaScriptを呼び出せます。それでは、JavaScriptからJavaを使ってみましょう。

```
> const array = new (Java.type("int[]"))(2)
> array[1] = 100
100
```

言語間で相互利用するメリット

　このサンプルコードでは、Javaの配列を作り、それをJavaScriptの変数に入れました。そして、その配列のインデックス1に、100という数値を入れました。この例ではJavaScriptからJavaを使いましたが、GraalVMで動作する言語とJavaの間だけではなく、GraalVMで動作するすべての言語間で、相互利用ができます。相互利用できると、どんなメリットがあるでしょうか。

他言語の処理を呼び出せる

　みなさんには、こんな経験があると思います。

「この仕様、言語Aのあのライブラリを使えばすぐに実装できるのに、言語Bにはそういうライブラリがない。今は言語Bを使っているから、自分で処理を書くしかない」といったことです。もし、GraalVMに言語AとBの両方の実装があれば、言語Aのライブラリを言語Bから呼び出すだけです。これが1つのメリットです。

十分なパフォーマンスで処理を呼び出せる

　ただし、言語間で相互利用をするためには、単に呼び出せるだけではなく、現実的にもう1つ条件を満たさなければなりません。それは、言語をまたがった呼び出しにかかるコストです。JavaからJavaScriptの関数を呼び出せたとしても、それが数秒かかってしまうようなら、アプリケーション開発では利用しづらい場面も多いでしょう。GraalVMは、実行パフォーマンスも十分です。GraalVMのビジョンとして、パフォーマンスを犠牲にせずに、言語間の抽象化をする、と掲げています。

5-3

GraalVM JITコンパイラと Truffle

GraalVMと既存のJVMの、内部的な違いを解説します。新たな言語としてRuby をインストールし、GraalVMのデバッグ機能を試します。

GraalVM JITコンパイラ

ここから、GraalVMの内部を解説します。GraalVMの中心となる技術は、JIT（Just-In-Time）コンパイラです。JITコンパイラは、JVMに以前からあるものです。JVMのJITコンパイラは、Javaバイトコードを機械語に変換するコンパイラです。アプリケーションの実行中に、実行時の情報を集めながら、機械語に変換します。たとえば、頻繁に実行しているメソッドのバイトコードを機械語に変換します。JVMは、最初はインタプリタでバイトコードを実行していますが、機械語で実行することでパフォーマンスを向上させています。みなさんが普段利用しているOracle JDKやOpenJDKのJVMは、HotSpot VMと呼ばれるものです。そして、HotSpot VMは、デフォルトではC1とC2という名前のJITコンパイラを使用します。実は、GraalVMは、この

HotSpot VMに、GraalVM特有の機能を追加した構成になっています。GraalVMでJavaが実行できるのは、これが理由です。まず、GraalVMとHotSpot VMでは、デフォルトのJITコンパイラが異なります。GraalVMでは、GraalVM JITコンパイラ[注1]を使用します。GraalVM JITコンパイラは、Javaで書かれた新しいJITコンパイラです。HotSpot VMとGraalVMの構造の違いを図にします（**図1**）。

図1の中にあるJVMCIとは、JavaベースのJVMコンパイラインターフェース（Compiler Interface）です。JVMCIのインターフェースを使うと、JavaでJITコンパイラを実装できます。GraalVM JITコンパイラも、JVMCIを使っています。C++で書かれたC2コンパイラは、C++という言語の特性に加え、長年変更が加えられて、コードが複雑になってしまいました。C2コンパイラも、OpenJDKに含まれているので、OSSとして開発されています。しかし、C++であることと、そのコードの複雑さもあって、C2コンパイラの開発に参加する人はあまり多くない、という状況でした。GraalVM JITコンパイラは、Javaで書か

図1　HotSpot VMとGraalVMの構造の違い

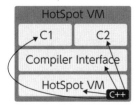
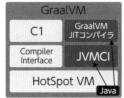

注1） このJITコンパイラの名前は、実はGraalと言いますが、GraalVMの文脈で話す際は、GraalよりもGraalVM JITコンパイラと呼ぶほうが良いそうです。いずれにせよ、GraalVMとGraalで用語の混乱があります。

れているので、そういった障壁を低くしてくれます。

　既存のC2コンパイラを使用するOpenJDKと、GraalVM JITコンパイラを使用するGraalVMのパフォーマンス比較に関しては、ベンチマークスイートの結果を見ると良いです。Renaissance Suiteは、ベンチマークスイートの1つです。OpenJDKと、GraalVM Community Edition、Enterprise Editionのベンチマークの実行結果が、サイト上にあります（https://renaissance.dev/）。もちろん、JITコンパイラのみの性能比較ではありませんので、この結果がそのままJITコンパイラの性能差ではありませんが、参考になります。結果としては、ほとんどのベンチマーク項目でパフォーマンスが良い順に、GraalVM EE、CE、OpenJDKとなっています。多数の項目の中で、いくつかの項目では、OpenJDKのほうがCEより若干良く、OpenJDKのほうがEEを上回っているものは1つだけでした。

Truffle

　さらに、GraalVMには、GraalVM JITコンパイラの利用を前提とする、言語実装用のライブラリがあります。それが、Truffle（トラフル[注2]）です。GraalVMへのプログラミング言語の実装は、すべてTruffleを使って実装します。先ほど実行したJavaScriptも、GraalJSというTruffleを利用した実装です。GraalVMには、次のような言語実装があります。

図2　Truffleでの言語実装

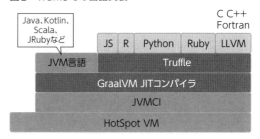

- **GraalJS**：JavaScript ECMAScript 2019 仕様互換実装、Node.js v12.10.0
- **GraalPython**：Python 3.7準拠（Experimental）
- **TruffleRuby**：Ruby 2.6.2ベース（Experimental）
- **FastR**：GNU R 3.6.1互換実装（Experimental）

　次バージョンGraalVM 20で、TruffleRubyとFastRがベータバージョンになる予定です。さらに、LLVMインタプリタがあり、LLVM bitcodeにコンパイルできる言語、たとえばCやFortranなどをGraalVMで実行できます。JVMで実行する言語も、GraalVMで実行できるので、今までの内容を図にすると、図2のようにまとめられます。

　もしかすると、ここまで読んで、自分でもTruffleを使ってオリジナルのプログラミング言語を作り、GraalVM上で動作させたい、と思われた方がいるかもしれません。もちろん、できます[注3]。Truffleでの言語実装を学びたい人のために、GraalVMプロジェクトでは、SimpleLanguageという比較的単純な言語の実装をOSSとして公開

注2）　フランス語読みすると「トリュフ」、あの世界三大珍味のキノコのことです。

注3）　筆者も、カンファレンスでのそういったセッション（"How to create a new JVM language by Oleg Šelajev"、https://www.youtube.com/watch?v=8Lt8au76emA）を参考にして、四則演算をするだけの言語を、Truffleで実装しました（https://github.com/jyukutyo/JVM-Math-Language）。

図3　gu available コマンドの実行

```
$ gu available
Downloading: Component catalog from www.graalvm.org
ComponentId         Version        Component name    Origin
--------------------------------------------------------------------
llvm-toolchain      19.3.0         LLVM.org toolchain github.com
native-image        19.3.0         Native Image      github.com
python              19.3.0         Graal.Python      github.com
R                   19.3.0         FastR             github.com
ruby                19.3.0         TruffleRuby       github.com
```

しています（https://github.com/graalvm/simplelanguage）。

GraalVMにRubyをインストールしてみよう

　さて、GraalVMに最初から入っている言語は、先ほど試したJavaとJavaScriptのみです。Rubyなど Experimental となっている言語は、自分でインストールする必要があります。その際に使用するコマンドが、gu（GraalVM Updater ユーティリティ）です。gu コマンドで、言語だけでなく他の追加機能をインストールできます。どんな機能をインストールできるかは、gu available コマンドで確認できます（図3）。

　では、この中から、Rubyをインストールします。gu install ruby を実行します（時間がかかります）。インストールが完了すると、binディレクトリにRuby関連のコマンドが追加されます。

```
$ cd [GraalVMのディレクトリ]
$ bin/ruby -v
truffleruby 19.3.0, like ruby 2.6.2, ↵
GraalVM CE Native [x86_64-darwin]
```

　実際にアプリケーションを複数の言語で開発する際には、デバッグするためのツールも必要です。GraalVMは、Google Chromeブラウザの DevToolsでデバッグができます。では、Rubyか

リスト1　test.rb

```
array = Polyglot.eval('js', '[1,2,42,4]');
puts array[2]
```

らJavaScriptを使うコードを例に、デバッグツールを使ってみましょう。「test.rb」というファイルを作り、リスト1の内容を入力してください。

　このコードは、JavaScriptの配列を作り、その配列をRubyで使っています。GraalVMにおけるRubyの実装であるTruffleRubyでは、他言語を呼び出す際に、Polyglot.eval() メソッドに言語のIDと、実行するコードを渡します。なお、Polyglotは、直訳で「数カ国語に通じる」という意味です。Polyglotという単語も、またGraalVMのキーワードの1つです。このPolyglot.eval() と類似のものが、TruffleRuby以外の言語にも用意されています。

　このように複数言語を使うコードの場合、実行時に --polyglot --jvm というオプションを付けます。

```
$ ruby --polyglot --jvm test.rb
42
```

　さらに、Chrome DevToolsでデバッグする際には、--inspect オプションを付けます。

```
$ ruby --polyglot --jvm --inspect test.rb
Debugger listening on port 9229.
To start debugging, open the following URL ↵
in Chrome:
     chrome-devtools://devtools/bundled/↵
js_app.html?ws=127.0.0.1:9229/xxxxxxxx-↵
xxxxxxxxxxxxx
```

chrome-devtools:…というURLをコピーし、Google Chromeでアクセスします。通常のDevToolsの使い方で、GraalVMの実行コードをデバッグできます（図4）。

さて、GraalVMでは、単に他言語のコードを実行した結果を、戻り値として変数に入れられるだけではありません。関数や値を、他言語で利用できるように、「エクスポート」できます。例として、Rubyの変数の値を、JavaScriptのコードから利用できるように、エクスポートします。先ほどの「test.rb」ファイルを、**リスト2**のように変更します。

Rubyコードにある変数aの値、100を、bという名前でエクスポートしました。そしてJavaScriptのコードで、bをインポートし、配列の3番目の要素として使いました。このコードを実行すると、100を出力します。

```
$ ruby --polyglot --jvm test.rb
100 ↵
```

ここまで、CLIで実行してきました。コードエディタVisual Studio Codeには、GraalVMのエクステンションがあります（https://github.com/oracle/graal/tree/master/vscode）。VS Codeユーザーの方

は、インストールしても良いかもしれません。

ほかにもツールがあります。Java VisualVMをGraalVMに対応させたGraal VisualVMも、GraalVMに含まれています。Java VisualVMは、JVMで実行しているアプリケーションに関するさまざまな情報を見ることができるツールです。GraalVMに対応したGraal VisualVMでは、他言語まで含めた情報を見ることができます。JavaとJavaScript、Rを含んだアプリケーションを実行すると、Graal VisualVMで**図5**のように見ら

図4 Google Chromeでのデバッグ

リスト2 test.rb（変更後）

```
a = 100;
Polyglot.export("b", a);
array = Polyglot.eval('js', "i = Polyglot.import('b');
[1,2,i,4]");
puts array[2]
```

図5 Graal VisualVM

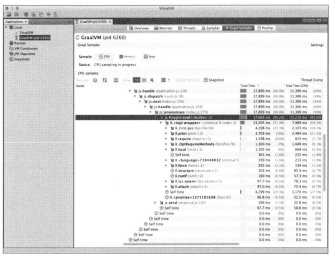

れます。

jsやRという接頭辞が見て取れます。Graal VisualVMは、GraalVMのbinディレクトリにある、**jvisualvm**コマンドを実行すると起動します。**jvisualvm**というコマンド名は、Java VisualVMと同じコマンド名です。左側のペインで、接続するアプリケーションを選択します。GraalVMで起動した、多言語アプリケーションを選択すると、右側に「Graal Sampler」というタブが現れます。「Graal Sampler」を選び、「Sample:」にある「CPU」ボタンを押すと、**図5**のような表示になります。

さて、GraalVMでは、さまざまな言語を相互に呼び出しつつアプリケーションを構築できます。ただ、ある言語から他の言語のコードを呼び出すというのは、パフォーマンスが低くなると思われるかもしれません。パフォーマンスの観点では、GraalVM JITコンパイラには、Truffleで実装した言語を、十分なパフォーマンスで実行できる機能が備わっています。その理由について説明します。ここから書くことは、詳細な内容ですので、難しく感じた場合は、途中で読み飛ばしていただいてもかまいません。

まず、GraalVMでの言語の実装とは、その言語のコードの**抽象構文木（Abstract Syntax Tree：AST）**のインタプリタを、TruffleのAPI

図6　抽象構文木（AST）

を用いてJavaで実装することです（**図6**）。

つまり、どんな言語のインタプリタも、Javaで書かれています。そのため、実行する他言語のコードから生成するASTも、Javaで表現します。さまざまな言語を実行してもパフォーマンスが低下しない理由を、とても大まかに述べると、実行するコードのASTとインタプリタは、ともにJavaで表現されており、それらを一緒にJITコンパイルして、高いパフォーマンスの機械語を生成させます。このあたりの理論に興味がある方は、論文 "One VM to Rule Them All"（http://lafo.ssw.uni-linz.ac.at/papers/2013_Onward_OneVMToRuleThemAll.pdf）を読んでみてください。

なお、ある言語のコードをASTにする処理は、Truffleとは関わりがない部分です。パーサーやレキサーを、自分で実装してから、このインタプリタで処理を実行します。パーサーやレキサーは、たとえばANTLR（https://www.antlr.org/）を使って作成できます。

5-4

GraalVMの組み込みと
ネイティブイメージ

GraalVMの機能の中で最も注目を集めている機能である、ネイティブイメージ生成機能を解説します。加えて、この機能が開発された歴史的経緯や、機能の制約についても触れます。

GraalVMの組み込みと
ネイティブイメージ

ここまで、GraalVMの多言語実行機能について解説してきました。今までGraalVMについて見聞きしたことがある方からすると、持っていたイメージと異なる内容だったかもしれません。GraalVMが話題になるのは、ネイティブイメージを生成する機能であることが多いからです。ネイティブイメージ生成機能は、Javaバイトコードから、実行可能なバイナリを生成するものです。通常、アプリケーションをJVMで実行すると、クラスローディングなど初期化処理により、起動時間が長くなります。こういった初期化処理をネイティブイメージ生成時に実行してしまうことで、起動時間を短縮できます。また、起動にJVMを必要としないため、メモリ使用量を少なくでき、合計ファイルサイズも小さくなります。ただし、生成時と同じプラットフォーム（OSやCPU）でしか動作しません。

ネイティブイメージ生成機能は、今まで解説したGraalVMの機能と、あまりに異なります。いったいこの機能は、どのような理由で作られたのでしょうか？ その答えは、Oracle Databaseにあります。

GraalVMの、多言語実行機能というのは、Oracle Databaseにとっても魅力です。SQL文の中で、さまざまな言語で実装した処理を呼び出せるようになるからです。今までも、Oracle Databaseは、ユーザー定義関数をJavaで作成できました。その機能をGraalVMに任せることで、JavaのバージョンアップはGraalVM側に任せ、さらにJava以外の言語も利用できるようになります。SQL文の中で、JavaScriptの関数を利用する、といったことができます。たとえば、以下のようなSQL文が書けます。

```
select validator.isEmail('alice@example.com')
from dual;
```

SQL文の中で、Node.jsの**validator**モジュールにある関数、**isEmail()**を使い、文字列がEメールか判定しています。

Oracle DatabaseにGraalVMを組み込むという考えのもと、Oracle社は、Oracle Database Multilingual Engine（MLE）という製品を開発中です[注1]（https://www.oracle.com/technetwork/database/multilingual-engine/overview/index.html）。Oracle Database MLEの詳細は、ここでは省略します[注2]。Oracle Database

---

注1) MySQLでも、同様のものをMLE Pluginとして開発中です。

注2) Oracle Database MLEを使って、SQL文内でJavaScriptの関数を使ってみましたので、興味のある方は筆者のブログエントリをご覧ください（https://www.sakatakoichi.com/entry/graalvmembeddeddb）。

にGraalVMを組み込むにあたり、GraalVMを
JVMとして起動すると、初期化処理に時間がか
かり、メモリ使用量も大きいため、現実的にデー
タベースから利用できないという課題がありまし
た。この課題を解決するために必要となったこと
が、GraalVM自体をネイティブイメージにするこ
とだったのです。こうした経緯のため、ネイティ
ブイメージ生成機能には、当初、以下のような前
提条件がありました。

- Oracle社の社内利用のようなものであり、デー
  タベースもGraalVMも同一の組織が開発する
  機能である
- 対象とする環境は、Oracle Databaseがサ
  ポートするOSのみである
- JavaのJNIやリフレクションといった機能は必
  要ない

こうして開発されたネイティブイメージ生成機
能は、GraalVMに1つの機能として追加されまし
た。ただし、バージョン19.3.0では、この機能は
まだExperimentalであることに注意してくださ
い。次に、ここで誤解しないようにしていただき
たいのが、JNIやリフレクションの制約があった
のは、GraalVMのネイティブイメージ生成機能
であって、GraalVM自体の制約ではない、とい
うことです。GraalVMをJVMとして使用する場
合、これらの制約はありません。また、GraalVM

も開発が進んでおり、最初にあった制約が、少し
ずつ改善されています。どのような制約があるか
については、https://github.com/oracle/graal/
blob/master/substratevm/LIMITATIONS.
mdをご覧ください。また、リフレクションについ
ては、後述します。

ネイティブイメージを 生成してみよう

実際に、GraalVMでネイティブイメージを作成
しましょう。ただし、ネイティブイメージ生成は、
プラットフォームに以下の制限があります。

- x86 64ビットシステム、ARM64

バージョン19.3から、ネイティブイメージ機能
は、従来から対応していたLinuxとmacOSに加
え、Windowsにも対応しました。

まず、**Hello, World!**と出力するJavaコードを
用意します（**リスト1**）。

ネイティブイメージを生成するためには、
native-imageコンポーネントをGraalVMにイン
ストールする必要があります。インストールは、
Rubyなどをインストールしたときと同じ**gu
install**コマンドでできます。

リスト1 HelloWorld.java

```
class HelloWorld {
  public static void main(String... args) {
    System.out.println("Hello, World!");
  }
}
```

```
$ gu install native-image
Downloading: Component catalog from www.🔁
graalvm.org
Processing Component: Native Image
Downloading: Component native-image: Native 🔁
Image  from github.com
Installing new component: Native Image (org.🔁
graalvm.native-image, version 19.3.0)
```

macOS 10.15（Catalina）を使用している場合、
「"graalvm-ce-19.3.0" can't be opened because
its integrity cannot be verified」というダイアロ

グが表示され、インストールできないことがあります。その場合、sudo spctl --master-disableを実行し、一時的に変更しましょう（https://github.com/graalvm/homebrew-tap/issues/6）。

これで、ネイティブイメージを作成する準備は完了です。Javaコードをコンパイルし、native-imageコマンドを実行します。

```
$ javac HelloWorld.java
$ native-image HelloWorld
Build on Server(pid: 7085, port: 57784)*
[helloworld:7085]    classlist:    2,438.04 ms
[helloworld:7085]       (cap):   29,593.31 ms
[helloworld:7085]      setup:   30,979.32 ms
[helloworld:7085]   (typeflow):    7,065.92 ms
[helloworld:7085]    (objects):    4,850.32 ms
[helloworld:7085]   (features):      300.03 ms
[helloworld:7085]    analysis:   12,466.88 ms
[helloworld:7085]     (clinit):      283.71 ms
[helloworld:7085]    universe:      635.68 ms
[helloworld:7085]      (parse):    1,239.83 ms
[helloworld:7085]     (inline):    2,079.26 ms
[helloworld:7085]    (compile):   13,267.33 ms
[helloworld:7085]     compile:   17,145.55 ms
[helloworld:7085]       image:    1,188.67 ms
[helloworld:7085]       write:    1,949.17 ms
[helloworld:7085]     [total]:   67,056.89 ms
```

67,056ミリ秒、つまり1分以上かかりました。実行環境にもよりますが、ネイティブイメージ生成は、時間がかかります。JVM実行時にあった初期化処理を、このネイティブイメージ生成時に実行しているからです。実行時の起動時間を短縮する代わりに、ネイティブイメージ生成のビルド時間が長くなるわけです。

ディレクトリに、HelloWorldをすべて小文字にした「helloworld」というファイルが作成されます。

```
$ ls -lh helloworld
-rwxr-xr-x (省略) 6.5M 12 13 23:12 helloworld
```

helloworldを実行します。

```
$ ./helloworld
Hello, World!
```

Hello, World!が出力されました。ファイルサイズは、lsコマンドでの出力にあるとおり、6.5Mバイトでした。ネイティブイメージは、「このファイルだけで実行できる」ものです。対して、通常のJavaアプリケーションは、クラスファイルのほかにJVMが必要です。別途JRE（Java Runtime Environment）やJDK（Java Development Kit）をインストールしているので、そのぶんを考慮しなくてはなりません。Javaでも、jlinkコマンドを使い、必要なモジュールのみを含むカスタムランタイムイメージを作成できますが、ネイティブイメージのほうがさらにサイズが小さくなります。

起動時間を含めた実行時間については、HelloWorld程度のアプリケーションでは、それほど違いはありません。しかし、実際のアプリケーションでは、ネイティブイメージのほうが時間を短縮できます。たとえば、第6章で取り上げているQuarkusだと、アプリケーションをJVMで起動するよりも、ネイティブイメージで起動するほうが10倍以上高速になっています。

ネイティブイメージはどんな用途に向くか

ここまで、ネイティブイメージの作成方法を見てきました。では、ネイティブイメージは、どのような用途に向いているのでしょうか？　JVMではなく、すべてのアプリケーションをネイティブイメージにするほうが良いのでしょうか？　これは、言い換えるとAOT（Ahead-Of-Time：事前）コンパイルと、JITコンパイルの違いを考えることとなります。JVMでの実行では、すでに述べたように、JITコンパイルによってアプリケー

ションのパフォーマンスを向上させています。JITコンパイルは、アプリケーションの実行中に、収集した実行時の情報を使って、Javaバイトコードを機械語にコンパイルします。ネイティブイメージは、その生成時にJavaバイトコードを機械語にコンパイルします。実行より前にコンパイルするので、ネイティブイメージ生成はAOTコンパイルです。表にまとめます（表1）。

　ネイティブイメージを実行してアプリケーションを起動するとき、AOTコンパイルですでにコンパイル済みの機械語を実行するため、起動時間が短くなります。対して、JITコンパイルは、アプリケーションの実行時の情報を収集しており、コードだけではわからない情報を使ってコンパイルできるため、よりアプリケーションの実情に合わせた機械語を生成できます。JITコンパイルが生成する機械語のほうが、AOTコンパイルで生成する機械語よりパフォーマンスが良い、ということです。よって、JVMでアプリケーションを実行するほうが、ネイティブイメージで実行するよりも、ピーク時のスループットが良くなります。このように、AOTコンパイルとJITコンパイルにはそれぞれ一長一短があるため、**JVMで実行するか、ネイティブイメージにして実行するか**にも、一長一短があります。表で比較します（**表2**）。

　表にあるようなメリット・デメリットがそれぞれ

にあるため、すべてのアプリケーションをネイティブイメージにして実行するのではなく、アプリケーションの特性に合わせて、どちらかを選択します。ネイティブイメージは、以下のようなアプリケーションに対してマッチします。

- FaaS（Function as a Service）- 例：Amazon Web ServicesのAWS Lambda
- クラウドで実行する大規模アプリケーション
- 頻繁にリリース（再起動）するアプリケーション ≒ マイクロサービス

　FaaSに関しては、第6章で詳しく述べます。基本的にFaaSは、短時間の実行となるので、ピーク時のスループットよりも起動時間を重視します。クラウドでの大規模アプリケーションでは、メモリ使用量や必要なサイズが小さければ、大きなコスト削減につながります。

　逆に、一度起動したら長時間稼働しているようなアプリケーションや、ピーク時のパフォーマンスが重要なアプリケーションは、JVMで実行するほうが良いでしょう。

　このように、アプリケーションの特性に合わせて、JVMで実行するのか、ネイティブイメージで実行するのかを決めると良いです。

表1　JITコンパイルとAOTコンパイル

アプリケーションの実行方法	コンパイル手法	コンパイルするタイミング
JVMで実行	JITコンパイル	アプリケーション実行中
ネイティブイメージで実行	AOTコンパイル	ネイティブイメージ生成時

表2　JVMとネイティブイメージの比較

	JVMで実行	ネイティブイメージにして実行
起動時間	長い	○短い
メモリ使用量	多い	○少ない
必要なサイズ	大きい	○小さい
ピーク時のスループット	○大きい	小さい
最大レイテンシ	○短い	長い

ネイティブイメージの生成プロセス

次に、ネイティブイメージの詳細を解説します。ネイティブイメージの実行は、GraalVMの中のSubstrate VMというものが実現しています。VMと名前にあるように、仮想マシンです。しかし、あくまでネイティブイメージを実行するためのVMですので、JVMではありません。Substrate VMは、ネイティブイメージ実行時に、GC（ガベージコレクション）やスレッドのスケジューリング、コードのキャッシュなどを担当します。ネイティブイメージの生成時に、Substrate VMも実行バイナリの中に含まれます。生成時にはアプリケーションのコードはもちろんのこと、ライブラリやJDKも必要です。**native-image**コマンド実行時の生成プロセスを図にします（**図1**）。ELFファイルは、Linuxでの実行ファイル形式です。

ネイティブイメージ生成は、AOTコンパイルである、と説明しました。AOTコンパイルをするためには、アプリケーションで使用するすべてのクラスが必要です。それらをすべて、機械語にコンパイルします。ネイティブイメージ生成で、以前リフレクションの使用に制約があったというのは、このしくみから読み取れます。リフレクションを使うと、ネイティブイメージ生成時に使用するクラスやメソッドを認識できないからです。今は、リフレクションを使えます。生成時に、静的解析

をして、リフレクションAPIの使用を検出し、ネイティブイメージに反映します。静的解析では、以下のような呼び出しを検出できます。

- Class.forName(String)
- Class.forName(String, ClassLoader)
- Class.getDeclaredField(String)
- Class.getField(String)
- Class.getDeclaredMethod(String, Class[])
- Class.getMethod(String, Class[])
- Class.getDeclaredConstructor(Class[])
- Class.getConstructor(Class[])

たとえば、**リスト2**のコードは、静的解析時にリフレクションの使用を検出し、とくに何もしなくてもネイティブイメージにできます。

ネイティブイメージを生成して、実行します。

リスト2　ReflectionSample.java

```java
import java.lang.reflect.*;

class ReflectionSample {
  public static void main(String... args) throws Exception {
    String s = "GraalVM";
    Field f = String.class.getDeclaredField("value");
    f.setAccessible(true);
    System.out.println(new String((byte[]) f.get(s)));
    Method m = String.class.getMethod("toLowerCase");
    System.out.println(m.invoke(s));
  }
}
```

図1　ネイティブイメージ生成プロセス

```
$ javac ReflectionSample.java
$ native-image ReflectionSample
$ ./reflectionsample
GraalVM
graalvm
```

なお、Java 8バージョンの場合は、**byte[]**で
はなく**char[]**にキャストしてください。

　もし、書いたコードが静的解析で検出できず、
生成時にエラーとなってしまう場合は、設定ファ
イルを作成するか、**org.graalvm.nativeimage.
hosted.RuntimeReflection**クラスを使って、
コードで設定ファイルと同様の内容を設定しま
す。たとえば、**リスト3**のコードは、生成時に警
告が出ます。**replace('A', 'a')**は、意味はとく
にない処理ですが、静的解析ができなくなります。

```
$ native-image ReflectionManualSample
(省略)
Warning: Reflection method java.lang.Class.↵
getMethod invoked at ReflectionManualSample.↵
main(ReflectionManualSample.java:6)
Warning: Aborting stand-alone image build ↵
due to reflection use without configuration.
Warning: Use -H:+ReportExceptionStackTraces ↵
to print stacktrace of underlying exception
```

　警告は出ますが、実行できます。

```
$ ./reflectionmanualsample
graalvm
```

　しかし、実は完全なネイティブイメージとは
なっていません。**ReflectionManualSample**クラ
スのクラスファイルを利用して処理を実行して
いるだけです。その証拠に、違うフォルダにネイ
ティブイメージを移動させると、実行できません。

```
$ cp reflectionmanualsample ~
$ ~/reflectionmanualsample
エラー: メイン・クラスReflectionManualSampleを↵
検出およびロードできませんでした
原因: java.lang.ClassNotFoundException: ↵
ReflectionManualSample
```

　クラスファイルを移動させると、実行できます。

```
$ cp ReflectionManualSample.class ~
$ ~/reflectionmanualsample
graalvm
```

　さて、このような場合は、クラスファイルを使
うよりも、完全なネイティブイメージを作成する
ほうが良いです。そのために、設定ファイルを作
成します。JSON形式ですので、「lowercase.json」
とします（**リスト4**）。
　ネイティブイメージ生成時に、オプションで

リスト3　ReflectionManualSample.java

```java
import java.lang.reflect.*;

class ReflectionManualSample {
  public static void main(String... args) throws Exception {
    String s = "GraalVM";
    System.out.println(String.class.getMethod("toLowerCase".replace('A', 'a')).invoke(s));
  }
}
```

リスト4　lowercase.json

```json
[
  {
    "name" : "java.lang.String",
    "methods" : [
      { "name" : "toLowerCase", "parameterTypes" : [] }
    ]
  }
]
```

-H:ReflectionConfigurationFiles=[JSON
ファイルへのパス]を指定します。

```
$ native-image -H:ReflectionConfiguration↩
Files=lowercase.json ReflectionManualSample
```

今度は、警告なく完了します。念のため、クラスファイルを削除してから、ネイティブイメージを実行します。

```
$ rm -rf ReflectionManualSample.class
$ ./reflectionmanualsample
graalvm
```

確かにリフレクションを使用できましたが、自分で使用個所を調べて、設定ファイルを作成するというのも、実際のアプリケーションでは手間のかかる作業です。実は、"JVMで"アプリケーションを実行し、その際にリフレクションの使用をトレースして、この設定ファイルを出力するエージェントがGraalVMに含まれています。これをTracing Agentと言います。試しましょう。graalvmというディレクトリに、設定ファイルを出力させます。

```
$ mkdir graalvm
$ java -agentlib:native-image-agent=config-↩
output-dir=graalvm ReflectionManualSample
```

-agentlib:native-image-agentオプションを指定し、config-output-dirで、設定ファイルを出力するディレクトリを指定します。graalvmディレクトリを見ると、設定ファイルが出力されています。

```
$ ls graalvm
jni-config.json          proxy-config.json    ↩
reflect-config.json  resource-config.json
```

このエージェントは、リフレクションの使用だけでなく、JNIやDynamic Proxyの使用もトレースして、それぞれの設定ファイルを出力します。つまり、JNIやDynamic Proxyもリフレクションと同じように、設定ファイルを用意すれば、ネイティブイメージを生成できます。さらに、config-output-dirの代わりにconfig-merge-dirを使うと、新規作成ではなく、既存の設定ファイルに新しくトレースした結果をマージでき、更新しながら設定ファイルを作成できます。

第6章で詳しく解説しますが、このGraalVMのネイティブイメージ生成に対応するJavaのフレームワークが増えています。アプリケーション全体をネイティブイメージにする際には、利用するライブラリがリフレクションを使っていれば、こうした設定が必要です。この流れを受け、ネイティブイメージ生成に必要な設定ファイルを、そのライブラリに含めてくれているものもあります。たとえば、著名なライブラリNettyは、リフレクションの設定ファイルを含めています(図2)。

先ほどのサンプルでは、オプションで設定ファイルのパスを指定しました。実は、META-INF/native-imageディレクトリに設定ファイルを配置しておけば、ネイティブイメージ生成時に、GraalVMが自動的に読み込みます。JARファイルに設定ファイルを含める場合は、このしくみを

図2　Nettyにある設定ファイル

netty / transport / src / main / resources / META-INF / native-image / io.netty / transport /		
cstancu and normanmaurer Register sun.nio.ch.SelectorImpl fields for unsafe access. (#9631) ····	Latest commit 4980a6b on 7 Oct	
..		
native-image.properties	Add SVM metadata and minimal substitutions to build graalvm native im...	8 months ago
reflection-config.json	Register sun.nio.ch.SelectorImpl fields for unsafe access. (#9631)	2 months ago

リスト5　InitializeSample.java

```java
import java.util.Date;
class InitializedDate {
  static final Date INITIALIZED_DATE = new Date();
}
class InitializeSample {
  public static void main(String[] args) {
    System.out.println("INITIALIZED_DATE: " + InitializedDate.INITIALIZED_DATE);
    System.out.println("main:       " + new Date());
  }
}
```

利用すると良いです。

もう1つ、ネイティブイメージの生成でつまずくのは、クラスの初期化です。前掲の生成プロセスの図（図1）にあるように、クラスの初期化は、ネイティブイメージ生成時に実行します。では、リスト5のようなコードを考えてみます。

JVMで実行すれば、出力される2つの日時は実行時の日時のため、ほぼ同時刻を出力します。

```
$ java InitializeSample
INITIALIZED_DATE: Sat Oct 12 09:42:16 JST 2019
main:       Sat Oct 12 09:42:16 JST 2019
```

これをネイティブイメージにした場合は、どうなるでしょうか？　INITIALIZED_DATEは、ネイティブイメージ生成時の日時でしょうか？　それとも、実行時の日時でしょうか？　GraalVMでは（19.0以降）、アプリケーションのクラスは実行時に初期化します（アプリケーションのクラス以外は、生成時に初期化します）。そのため、ネイティブイメージでも、JVMで実行したときと同じ出力です。

```
$ ./initializesample
INITIALIZED_DATE: Sat Oct 12 09:47:51 JST 2019
main:       Sat Oct 12 09:47:51 JST 2019
```

しかし、実行時に初期化するということは、起動時間を長くしてしまいます。もし、生成時に初期化しても良いクラスなら、生成時にしてしまえば、起動時間を短縮できます。--initialize-at-build-time=[クラス名]というオプションを指定すれば、生成時に初期化するクラスを指定できます。

```
$ native-image --initialize-at-build-time=⏎
InitializedDate InitializeSample
$ ./initializesample
INITIALIZED_DATE: Fri Dec 13 21:22:46 JST 2019
main:       Fri Dec 13 21:23:46 JST 2019
```

2つの日付が異なっていますので、INITIALIZED_DATEの値は、生成時に初期化されたことがわかります。逆に、実行時に初期化するクラスを明示的に指定する場合は、--initialize-at-run-timeオプションを使います。

ここまで、GraalVMのネイティブイメージ生成機能について、詳しく述べてきました。余談になりますが、ネイティブイメージは、iOS上でJavaアプリケーションを実行する活路となるかもしれません。iOSには制約があり、JVMを動作させることには課題がありました（動的コードが許可されていないなど）。ネイティブイメージにしてしまえば、課題はなくなります。OpenJDKのMobile Projectでは、以前からAndroidやiOSへのポートに取り組んでいましたが、活動がなくなっていました。しかし、このネイティブイメージ生成機能がきっかけで、Mobile Projectは再始動しました[注3]。

注3）rebooting OpenJDK mobile（https://mail.openjdk.java.net/pipermail/mobile-dev/2019-June/000584.html）

5-5

GraalVMの適用事例

GraalVMの適用事例は、まだ少ないですが、いくつかあります。GraalVMの機能は幅広いため、どの機能を利用するかで、事例の内容が異なります。ここでは、有名な事例を2つ紹介します。

Twitter社の事例

1つめの事例は、馴染みのある方も多いであろうTwitter社です。Twitter社では、GraalVMという名前が付く前から、GraalVM JITコンパイラ（単体としては、Graalと呼ばれてきました）を活用しています。Twitter社には、VMチームという専門チームがあります。VMチームが、開発中だったこのJITコンパイラを、OpenJDKのバージョン8にバックポート（新バージョンに向けて開発した機能を、古いバージョンに移植すること）し、Twitter社独自のJDKを作りました。Twitter社は、JavaではなくScalaでアプリケーションを構築しています。そして、相当な台数のサーバでアプリケーションを実行しています。OpenJDKにある従来のJITコンパイラを使うよりも、パフォーマンスが良くなり、CPUやメモリといったサーバリソースの消費量を削減できました。その結果、サーバの台数を減らすことができ、コストが削減できた、とカンファレンスのセッションで発表しています。Twitter社のサーバ規模だと、1台あたりのリソースを少し削減できただけでも、削減できる金額は大きなものとなります。今から3年前の2017年に、本番環境に適用

した結果をカンファレンスで発表しているのが、本当に驚きです。このセッションの録画がYouTubeで公開されています。興味のある方は、ぜひご覧ください[注1]。

ゴールドマン・サックス社の事例

もう1つの事例は、ゴールドマン・サックス社（以下GS社）です。GS社は、世界有数の金融機関ですが、1990年代からJavaを使用しており、数千人のJavaエンジニアがいるそうです。Eclipse CollectionsというJavaのコレクションフレームワークは、GS社が開発したものをEclipse Foundationに移管したものです[注2]。ほかにもReladomoというORマッピングフレームワークを、自社のOSSとしてGitHubに公開しています[注3]。さて、GS社では、Truffleを活用しています。1990年代初めに、自社の業務に対して使用するために、独自にプログラミング言語を開発しました。その言語で書いたコードは、現在まで増え続けています。そのプログラミング言語を今後も運用していくために、Truffleを使って、

注1） Twitter's Quest for a Wholly Graal Runtime（https://www.youtube.com/watch?v=G-vlQaPMAxg）

注2） https://www.eclipse.org/collections/ja/index.html

注3） https://github.com/goldmansachs/reladomo

GraalVMでその言語のコードを実行できるようにしました。他言語と相互運用できますし、JITコンパイルされるようになり、パフォーマンスも向上します。さらに、GraalVMにはデバッガなど開発者用ツールもあります。この事例についても、2018年、2019年と続けてカンファレンスで発表しています。セッション録画もあります[注4]。

新しいJITコンパイラとしてのみ活用するケース

具体的な事例ではありませんが、GraalVM JITコンパイラを使うという目的だけで、GraalVMを採用する、というケースも考えられます。GraalVM JITコンパイラの力で、パフォーマンスが向上するアプリケーションもあるからです。たとえば、リアクティブストリームを使って構築したアプリケーションです。リアクティブストリーム自体の説明は、本章の本題ではないため、説明を省略します。リアクティブストリームでの、PublisherとSubscriberを使った実装では、従来の命令型プログラミングモデルのコードよりも、メソッドの呼び出し階層が深くなる傾向があります。これがオーバーヘッドとなり、命令型プログラミングモデルのコードよりも、パフォーマンスが低下します。このような構造に対して、GraalVM JITコンパイラが持つ最適化技法が有効に働きます。そのため、リアクティブストリームを使って構築したアプリケーションのパフォーマンスを、通常のJVMで実行するよりも向上させられます。GraalVM JITコンパイラに特徴的な最適化技法は、以下のようなものがあ

ります。

- インライン化の改善
- エスケープ解析（Escape Analysis）の改善
- 部分的エスケープ解析（Partial Escape Analysis）の導入

個々の最適化技法の詳細については、本章の本題ではないため、省略します。GraalVM JITコンパイラは、これらを含む最適化技法を適用することで、アプリケーション実行時に、オブジェクトのアロケーション数を、通常のJVMを使用したときよりも削減します。これにより、リアクティブストリームを使って構築したアプリケーションの、実行時のオーバーヘッドを減らすことができるため、結果としてパフォーマンスが向上します。同様のことが、関数型プログラミングモデルで構築したアプリケーションに対しても言えます。Twitter社のScalaアプリケーションの事例も、その一例ととらえて良いでしょう。

注4) One VM to Rule Them All? Lessons Learned with Truffle and Graal（https://www.youtube.com/watch?v=MUECwHdr07Q）

5-6

GraalVMが照らすJavaの未来

ここまでの説明にあるとおり、GraalVMは、それぞれ性質が大きく異なる機能を持っています。とくに、新しいJITコンパイラとネイティブイメージ生成機能は、同じパフォーマンス向上に対する異なるアプローチであるため、混乱しやすいです。GraalVMの機能について、改めて整理します。また、GraalVMのロードマップとバージョン番号について紹介します。

GraalVMとは

さて、GraalVMが持つ、非常に幅広い機能をここまで紹介しました。整理しましょう。まず、GraalVMは、OpenJDKに含まれているJVMである、HotSpot VMをベースにしています。JVMでできることは、GraalVMもできる、ということです。そこに、大きく3つの機能を加えています。

- Javaで書かれているGraalVM JITコンパイラ
- 言語実装用ライブラリTruffle
- ネイティブイメージ用フレームワークSubstrate VM

GraalVMの話をしているとき、それぞれがこの3つから異なるものを思い浮かべて、話がかみ合わないことがあります。とくに、パフォーマンスのことを話しているとき、それはGraalVMの"JITモード"の話なのか、それとも"AOTモード"の話なのかを取り違えないようにしましょう。

機能を試してみたいときは、GraalVMが公開しているサンプル集を使うと良いでしょう（https://github.com/graalvm/graalvm-demos）。Spring BootのWebアプリケーション

で、Rの関数を呼び出すといったサンプルもあります。JavaScriptとRとJavaを使うアプリケーションもあります。ネイティブイメージ生成を試すためのものもあります。

次に、GraalVM プロジェクトについて書きます。GraalVMは、Oracle社がOSSとして公開していますが、実は、Oracle Labsという、Oracle社の研究専門の組織から生まれました。研究自体は、2020年の今から9年前に始まっています。初期からこの研究に携わっており、現在GraalVMのプロジェクトリードであるThomas Wuerthinger氏は、GraalVMプロジェクトのゴールとして、以下の4つを挙げています。

1. あらゆる言語の抽象化を高パフォーマンスで実現する
2. JVMベースの言語に対して、メモリ使用量が少ないAOTモードを提供する
3. 言語間の相互運用と、多言語用のツールを使いやすい形で提供する
4. ネイティブプログラムや管理プログラムを簡単に組み込み可能にする

これら4つのことは、本章で紹介したことと合致します。1つめのことは、GraalVM JITコンパ

イラとTruffleによる、高パフォーマンスな多言語実行環境と、言語実装の抽象化です。2つめは、Substrate VMでのネイティブイメージ生成です。3つめは、TruffleとGraalVM JITコンパイラによる言語間の相互呼び出しの実現、そして多言語コードを実行した際に使用できるGoogle Chromeでのデバッグや、Graal VisualVMなどを指します。4つめは、Oracle MLEなどへのGraalVMの組み込みがあります。

　プロジェクトのゴールと別に、AOTコンパイルでのパフォーマンスの向上についても、Wuerthinger氏は述べています。JITコンパイルのほうがAOTコンパイルよりも優れている項目、すなわち、ピーク時のスループットと最大レイテンシの短さに関して、AOTコンパイルでもJITコンパイルと同等の性能にするというのが、パフォーマンスに関する目下最大の目標とのことです。筆者には、そんなことがどのようにして実現できるのか、まったく想像がつきません。しかし、今まで述べてきたGraalVMの機能もすべて、想像すらできなかったようなものばかりです。そんなGraalVMプロジェクトですから、このパフォーマンス目標も実現してしまうかもしれません。

　次に、GraalVMとOpenJDKの関係についてです。GraalVMとOpenJDKは、競合関係ではなく、また、2つを統合するといった予定もありません。今は、それぞれが開発する機能が、互いに良い影響を及ぼし合うような関係です。たとえば、Java 9で導入された、OpenJDKでAOTコンパイルをするjaotcコマンドは、GraalVM JITコンパイラ（Graal）の実装を使っています[注1]。

Java 10では、OpenJDKでJITコンパイラをC2からGraalVM JITコンパイラに切り替えることができるようになりました[注2]。また、GraalVMの開発やリリースサイクルは、OpenJDKの開発やリリースサイクルとは関わりがありません。今後も、GraalVMは、OpenJDKとは別のロードマップで開発されます。

GraalVMのロードマップ

　ロードマップとバージョンについて、説明します。本章では、GraalVMのバージョン19.3.0を使いました。このバージョン番号の意味を説明します。19は、単に2019のことです。GraalVMは、年に4回のリリースを基本とします。3ヵ月ごと、2月、5月、8月、11月です。たとえば、2020年の4回のリリースは、**表1**に示すようなバージョン番号です。

　末尾が.3となる、年間最後のリリースは、LTS（Long Term Support）バージョンと位置付けられ、次の1年間、アップデートが提供されます。20.3の場合、2021年の終わりまで更新されます。その他のリリースは、次のリリースまで、つまり3ヵ月間のみです。

　パッチアップデート（Critical Patch Updates: CPU）は、Oracle社の他の製品と同じスケジュールです。1月、4月、7月、10月です。これを加味すると、例として挙げたバージョン20は、**表2**のようになります。

　これは、基本的にGraalVM Community Edition（CE）の話です。Enterprise Edition

---

注1）　JEP 295: Ahead-of-Time Compilation（https://openjdk.java.net/jeps/295）

注2）　JEP 317: Experimental Java-Based JIT Compiler（https://openjdk.java.net/jeps/317）

（EE）では、2、3年ごとに拡張長期サポートバージョンがあり、そのバージョンは、5年間プラスExtended Supportの3年間、合計8年間サポートされる予定です。EEについて付け加えると、Oracle社のクラウド環境Oracle Cloudでは、EEを無償で使うことができます。もちろん、クラウドの利用料自体は必要です。Oracle Cloudの無料トライアルでも、EEを試せます。

2019年11月に、GraalVM 19.3がリリースされました。GraalVMは、Java 8のサポートのみでしたが、19.3でJava 11のサポートが追加されました。

GraalVMが照らす未来

GraalVMは、Javaのエコシステムにおいて、この数年で最もインパクトがあるプロダクトの1つであると、筆者は考えます。GraalVMは、JavaやJVMにある長所をさらに伸ばし、短所をカバーする機能を持っています。これからのJavaを考えるにあたり、GraalVMを無視することはできないでしょう。1つのアプリケーションで、GraalVMが持つすべての機能を使い切る必要はありません。ユースケースに合わせて、GraalVMの機能をどれか1つ利用するだけでも十分です。

- GraalVM JITコンパイラを使うようにするだけで、パフォーマンスが向上するアプリケーションのカテゴリがある
- GraalVMの多言語実行環境を利用して、さまざまな言語のライブラリを活用しながら、より短期間でアプリケーションを構築する

表1 リリーススケジュール

リリース年月	バージョン番号
2020年2月	20.0
2020年5月	20.1
2020年8月	20.2
2020年11月	20.3

表2 アップデートスケジュール

リリース年月	バージョン番号
2020年2月	20.0
2020年4月	20.0.1（CPU）
2020年5月	20.1
2020年7月	20.1.1（CPU）
2020年8月	20.2
2020年10月	20.2.1（CPU）
2020年11月	20.3
2021年1月	20.3.1（CPU）
2021年4月	20.3.2（CPU）
2021年7月	20.3.3（CPU）
2021年10月	20.3.4（CPU）

- GraalVMのネイティブイメージ生成機能を使い、起動時間を短縮し、メモリ使用量とサイズを削減する。ネイティブイメージ生成に対応しているフレームワークもすでにある

ここ2年で、カンファレンスでのGraalVMに関するセッションは、数が激増しています。Oracle Code One（旧JavaOne）というサンフランシスコでのカンファレンスを例に挙げると、2017年には4つしかありませんでしたが、2019年には37セッションに増えています。今後も、増えることはあっても減ることはないでしょう。ネイティブイメージ生成機能が正式リリースとなり、フレームワークの対応も成熟すれば、本番環境での活用事例が増えていくからです。みなさんもぜひ、GraalVMを実際にダウンロードして、さまざまな機能を試していただきたいです。そして、GraalVMが照らす未来を、一緒に見ましょう！

第**6**章

マイクロサービス、クラウド、コンテナ対応[新世代] 軽量フレームワーク入門

本章では、最近登場したJavaの3つのWebアプリケーションフレームワークであるMicronaut、Quarkus、Helidonを紹介します。いずれも、軽量・高速起動、ポータビリティ、ヘルスチェックやメトリクスなどに対応した観測性など、マイクロサービスアーキテクチャ、クラウドネイティブ、コンテナ対応といったニーズに合わせた特徴を兼ね備えた新世代のWebアプリケーションフレームワークです。Javaには長らく使われているSpringやJava EEといった定番フレームワークがありますが、こうした新しいフレームワークの動きは要注目と言えます。

前多 賢太郎　*MAEDA Kentaro*
https://kencharos.hatenablog.com/　Twitter：@kencharos

6-1　軽量フレームワークが続々登場している理由

6-2　軽量で多機能なフルスタックフレームワークMicronaut

6-3　クラウドネイティブな高速フレームワークQuarkus

6-4　Oracleによる軽量・シンプルなフレームワークHelidon

6-1

軽量フレームワークが続々登場している理由

まずは、最近のサーバサイド技術とJavaのアップデートについて記述することで、これらのフレームワークが登場してきた背景や特徴を明らかにします。

最近のサーバサイド技術の動向

ここ数年、サーバサイド技術にはアーキテクチャに関わる大きな変化が見られます。そのうち、Webアプリケーションを作る上で関わりが大きいものとしては、次の3つが挙げられます。

- クラウド
- コンテナ型仮想化
- マイクロサービスアーキテクチャ

まずは、これらのトピックについて見ていきます。

クラウドの発展

クラウドの登場により、コンピュータリソースを事前に確保することなく、いつでも自由に調整が可能となりました。サーバリソースをいつでも変更できるようになったことで、スモールスタートで開発を始めることが可能となっただけではなく、負荷に応じて動的にサーバ数を変更するといったような柔軟なリソース制御をすることもできるようになりました。また、仮想マシンを自由に使うIaaS（Infrastructure as a Service）のほかに、アプリケーションをデプロイして任意のアプ

リケーションを起動するPaaS（Platform as a Service）、アプリケーションコードをデプロイして単発の処理を動かすFaaS（Function as a Service）など、リソースの調整をクラウドに任せるような実行形態も生まれています。ほかにも、クラウドベンダが提供するサービスは多岐に渡り、クラウド上にアプリケーションをデプロイする手段は多種多様になりました。

コンテナ型仮想化技術の登場

次に、Dockerに代表されるコンテナ型仮想化技術があります。コンテナ型仮想化技術とは、同一のOS上でCPUリソースやファイルシステムなどを論理的に分離した状態で、アプリケーションを動かす技術です。コンテナは、JARファイルとJVMのように、アプリケーションコードとアプリケーションの実行環境を1つにまとめておきます。そのようにすると、サーバにはコンテナを実行する環境だけをいれておけば、あとはコンテナを配布することでアプリケーションの実行準備が整います。また、コンテナごとにCPUやメモリのリソースの制限の設定もできるので、単一のサーバで複数のアプリケーションの同居なども容易になります。

このようにコンテナ型仮想化技術を使うと、コ

ンテナの中にアプリケーションを動かすためのライブラリや環境を閉じ込められます。そのため、サーバで事前に準備しなければならないライブラリやプログラム言語に応じた実行環境の準備などをする必要がなくなるので、サーバの準備も簡単になりますし、PaaS、FaaSでもコンテナを使うことで、いろいろなプログラム言語やライブラリに対応できるようになりました。

マイクロサービスアーキテクチャの成熟

　最後に、マイクロサービスアーキテクチャです。マイクロサービスアーキテクチャとは、**巨大なシステムを適切な役割を持った複数のサービスに分割し、サービス間の協調動作でシステムを構成するアーキテクチャ**です。単独のアプリケーションとして各サービスを実行し、各サービスが公開するRESTなどのAPIを介して、ほかのサービスのデータを取得、更新します。

　このようなアーキテクチャでは、サービス間が疎結合となり、それぞれのサービスの独立性も高くなるので、各サービスは、ほかのサービスの影響を受けることなく、アップデートができたり、サービスごとに異なる言語やライブラリを使えたりします。このような特徴を持つマイクロサービスアーキテクチャは、市場の変化やユーザーニーズに追従して、すばやくシステムを改善していくような開発に向いていますが、開発や運用の難易度も上昇します。そのため、マイクロサービスの開発や運用を支える技術も発展しています。

　先に紹介したクラウドやコンテナ型仮想化技術もその1つです。プログラミング言語やバージョンが混在するマイクロサービスでは、サービスの実行方法を標準化するためにコンテナは欠かせません。各クラウドベンダは、多くのコンテナを複数のサーバに分散実行するためのサービスを提供し始めています。これには、Kubernetesのマネージドサービスや各クラウドベンダ独自のコンテナクラスタのサービスがあります。

　さらに、マイクロサービスを適切に運用していくためのサービスやOSS（Open Source Software）のライブラリも発展してきています。マイクロサービスでは、各サービスの実行状態を把握するために、集中して管理することが重要です。クラウドベンダではアプリケーションログや、定量化したデータを管理のために加工した指標であるメトリクスを集中管理する機能を提供していますし、ほかにもDatadog[注1]、Mackerel[注2]といったアプリケーション監視に特化したサービスもあります。

　また、OSSでも多数のサービスの運用を手助けするライブラリが生まれてきています。たとえば、次のようなものがあります。

- Prometheus[注3]、Grafana[注4]などメトリクスの取集・可視化ライブラリ
- Elasticsearch[注5]などログの集約ライブラリ
- Zipkin[注6]、Jaeger[注7]など複数サービス間のAPI呼び出しを分析する分散トレーシングライブラリ

注1） https://www.datadoghq.com/
注2） https://mackerel.io
注3） https://prometheus.io
注4） https://grafana.com
注5） https://www.elastic.co/jp/products/elasticsearch
注6） https://zipkin.io
注7） https://www.jaegertracing.io

JVMの最近の動向

続いて、最近のJVM（Java仮想マシン）のアップデートの動向も見てみます。クラウド、コンテナ、マイクロサービスアーキテクチャの特徴は、常に変化していくことです。クラウドを利用することで、コンピュータリソースは外部からの負荷に応じてスケールアウトさせることができます。マイクロサービスアーキテクチャを推進していくと、アプリケーションは頻繁に変更・デプロイすることが可能です。したがって、アプリケーションの実行環境をすばやく整えていく必要があります。そのため、JVMも以前よりサイズ削減がされたり、効率化のための改善が行われたりといった施策が検討されています。

モジュールシステム

まずは、Java 9から導入されたモジュールシステムです。モジュールシステムは、**パッケージやJARファイルの依存関係を定義する手段**です。JVM自身もモジュール化されていますので、JVMのどの部分だけを使用するのかについて、アプリケーションが明確に定義できるようになりました。モジュールシステムと一緒に導入されたjlinkというツールを使うと、JVMからアプリケーション実行時に使う部分だけを抽出できるので、JVMのサイズが削減できます。

たとえば、JVMの本体はおおよそ300Mバイトくらいありますが、Javaの基本ライブラリだけを使うプログラムをjlinkで抽出すると30Mバイト以下までサイズ削減できます。ただ、既存のライブラリがモジュールシステムに完全に対応して

いるものは現時点では少ないので、jlinkが利用できるものは限られるでしょう。

コンテナ型仮想化技術への対応

次に、コンテナ型仮想化技術への対応を紹介します。1つめは、Java 10から導入されたDockerコンテナへの**CPUやメモリ制限**への対応です。Dockerコンテナ内に設定したCPUやメモリの制限をコンテナ内のJVMが正しく認識するようになるので、JavaのDockerイメージを複数動かす場合に正しくリソースを配分できます。Javaをコンテナで実行していくための重要な機能となります。

2つめは、まだ試験的な段階ですが、軽量なJVMを含むDockerイメージを提供する**Portola Project**[注8]です。通常、Javaをコンテナで動かす場合、JVM自体のサイズが大きいため、初回のダウンロードでは時間がかかってしまいます。PortolaではベースのOSイメージやライブラリを軽量化したり、コンテナでは使わないであろうJVMの機能を削減することで、Dockerイメージのサイズを20Mバイト程度まで削減します。こちらもJavaをコンテナに最適化していくために重要な機能となるでしょう。

GraalVM Native Imageの登場

最後に、起動速度改善のための取り組みを紹介します。JVMは、JITにより起動後に処理を最適化して、高いパフォーマンスを出すようになっています。

一方で、仮想マシンを起動するため、起動速度やメモリ消費量では不利な面があります。今の

注8）https://openjdk.java.net/projects/portola/

JVMの特徴は、サーバサイドのアプリケーションのような常時起動しておくような使用方法では利点となりますが、AWS Lambdaに代表されるFaaSのような、リクエストの都度、アプリケーションを起動する場面では弱点となります。

そこで注目されているのが、GraalVM Native Imageです（GraalVMについては第5章で解説します）。GraalVM Native Imageを使うと、**Javaアプリケーションを実行対象のOSで直接実行可能なバイナリとして生成**できます。この場合、JVMで実行する場合と比較して、プログラムのサイズが削減されるほか、起動速度とメモリ使用量が大幅に改善されます。そのため、リクエストの都度、起動が行われても問題になりません。

一方で、Native Imageは、現時点ではJITに匹敵する最適化は行われていませんので、JVMで実行する場合よりも最終的なパフォーマンスは劣ります。さらに、リフレクションを使用する場合は、リフレクション対象のクラスを事前にファイルに記述するなど、Native Imageを生成するための制約が多々あり、現時点では、どのようなJavaアプリケーションにも適用できるものではありません。どのような場合にNative Imageを使えばよいかは、検討していく必要があります。

最近のWebフレームワークに求められるもの

上記をふまえると、最近のJavaのWebフレームワークに必要な機能とは何でしょうか。今回、解説する3つのフレームワークには、従来のフレームワークが備えていた、Web関連の機能やデータベースなどのストレージ連携、セキュリティなどに加え、次のような特徴や機能を備えています。

軽量・高速起動

マイクロサービスアーキテクチャでは、小さな役割を果たす複数のサービスを起動することになります。また、クラウドの利点を活かしたシステムでは動的に構成が変更されていくので、そのうえで稼働するアプリケーションもすばやくデプロイして起動できることがあるべき姿と言えます。そのため、フレームワークのコア部分を小さくして必要なモジュールだけを選択してビルド後のJARファイルのサイズを削減したり、さまざまな工夫を行うことで従来のフレームワークよりも大幅に起動時間を短縮したりといった特徴を備えています。

可搬性（Portability）

先ほど述べたように、アプリケーションの実行形態は多種多様になっています。オンプレミスのサーバのほか、IaaS、PaaS、FaaS、さらにはDockerイメージなどがありますが、最近のWebフレームワークはこれらのどのような環境でもJavaアプリケーションが簡単に動くようにしてくれます。

まずは、DropwizardやSpring Bootなどから始まったスタンドアローンなアプリケーションの構成です。アプリケーションをビルドすると、すべての依存ライブラリと設定ファイルを含めた単一のJARファイルを作成し、JVMとJARファイルがあれば、アプリケーションを起動できます。このようにすることで、サーバにJava WebアプリケーションサーバなどJVM以外のミドルウェ

アをインストールする必要がなく、デプロイが容易になります。

次に、柔軟な設定に関する機能を挙げます。データベースの接続先などの設定情報をコードや設定ファイルに直接記述してJARファイルにビルドすると、環境が変わるたびに再ビルドが必要になります。また、アプリケーションを実行するときまで設定値が確定しなかったり、実行中に設定が動的に変化したりする場合もあります。そのため、設定を環境変数で与えてデフォルト設定を上書きしたり、外部のAPIやサービスから起動時に取得したりといった設定に関する高度な機能を備えています。

▌観測性（Observability）

アプリケーションのヘルスチェックやメトリクスをアプリケーション自身が公開する機能です。Javaアプリケーションが正しく動いているかを調べたい場合、もし完全にコントロール可能なサーバでアプリケーションを動かしているのなら、Javaプロセスのプロセス監視を行ったり、アプリケーションログを解析したりすることで状態を調べることができます。この方法は、PaaSやコンテナなど、サーバを自由にコントロールできない環境では採用できません。

そこで、アプリケーション自身に、自身の状態を知らせるヘルスチェックやメトリクスを公開する機能を提供して、PaaSのような環境でも監視ツールがアプリケーションの状態を取得できるようにします。アプリケーション自身が状態を公開することで、アプリケーションが特定のインフラでしか実行できないような制約がなくなり、独立性が高くなります。そして、メトリクスを収集し

て分析することで、さまざまなことに活用できます。たとえば、起動時間やメモリ使用量などリソースに関するメトリクスを出すと安定稼働しているかの目安にできます。エラーが発生した回数やエラーメッセージのIDをメトリクスとして出力すると、エラー検知や死活監視が迅速にできます。また、1日ごとの申し込み件数や売り上げなど業務的な指標をメトリクスとして出すようにすると、事業的な目標を達成しているかを測ることもできます。

これらの検知はログ解析やデータベースの解析などで行っているかもしれませんが、アプリケーションのメトリクスを収集して分析・監視することで、すばやく要件が実現できるかもしれません。これは私見ですが、どのようなメトリクスを出すかを設計で作り込むことが今後のアプリケーション設計で重要になると思っています。

観測性には、メトリクスのほかに分散トレーシングという技術もあります。マイクロサービスアーキテクチャでは複数のアプリケーションをAPIで接続するため、APIの呼び出し順序やAPIごとの処理時間の把握、エラーの発生場所を調べるのが困難です。その中で、各サービスのAPI呼び出しの記録を一元管理するためのツールである分散トレーシングは、集約した情報を用いて通信の可視化や遅延の調査などを行います。それをするためには、アプリケーションが受けたリクエストとリクエストを受けてアプリケーションが行う外部通信を、一連の通信として関連付けていく必要があります。

ひとつひとつのリクエスト処理で行われる情報をSpan、一連の通信で行われるすべてのSpanをまとめたものTraceと呼びます。複数ア

プリケーション間でやりとりされるTrace、Span
を分散トレーシングサーバに送ることで通信内
容の解析ができるようになります（分散トレーシ
ングのサーバには、OSSのZipkin[注9]やJaeger[注10]
のほかにも、クラウドベンダや企業が提供してい
るサービスもあります）。このように、分散トレー
シングは実装が難しい技術であるためライブラ
リが欠かせません。

　そこで、分散トレーシングの実装負担を減ら
し、かつ複数の分散トレーシングサーバに共通で
対応するためのライブラリの整備が進んでいま
す。現状、各フレームワークで使われているの
は、OpenTracing[注11]です。ただし、OpenTracing
はOpenTelemetry[注12]への移行が発表されまし
たので、今後、使用されるライブラリがまた変
わっていくだろうと思われます。

HTTPクライアント

　マイクロサービスアーキテクチャを使う場合
も、そうでない場合も、アプリケーションから外
部のHTTP APIを呼び出して情報を取得する
ようなケースはよくあります。そのような場合に、
HTTP通信を行うような低水準なコードを書い
ていては開発効率が下がります。最近のフレーム
ワークは、HTTPクライアントを少ない手間で作
成できるような機能を備えています。また、HTTP
クライアントの呼び出しを安全に行うために、エ
ラーを起こしたAPIへの接続を一時的に切り離
すサーキットブレイカーという機能を追加できる
ものもあります。

注9）https://github.com/openzipkin/docker-zipkin
注10）https://github.com/jaegertracing/jaeger
注11）https://opentracing.io/
注12）https://opentelemetry.io

非同期処理

　従来のマルチスレッドを用いた並行性では、多
数のリクエストや外部API呼び出しがある場合
に処理効率が悪くなります。そこで、フレームワー
クの基礎部分では、ノンブロッキングI/Oや非同
期処理を駆使して少ないスレッドで多数のI/O
処理をさばくようになっています。非同期処理を
プログラムで扱うのは一般的に難しいですが、フ
レームワーク側では非同期処理を内部で隠蔽し
たり、CompletableFutureやRxJavaといった非
同期処理を簡易に書くためのAPIやライブラリ
と統合したりすることで、非同期処理を記述しや
すくしています。

そのほかの特徴

　ここまで述べてきた以外にも最近のWebフ
レームワークが備えている機能について簡単に
紹介します。

■クラウドサービスへの対応

　AWS（Amazon Web Services）やAzureな
ど特定のクラウドベンダが提供する機能をフ
レームワークのAPIと統合したり、AWS
LambdaといったFaaSへのデプロイをサポート
したりというように、フレームワークによってはク
ラウドとの連携を強化しているものがあります。

■コンテナへの対応

　アプリケーションのひな形を作成する際に、
Dockerイメージを作成するためのコードや設定
ファイルも一緒に生成するなど、コンテナでアプ
リケーションを起動する手順が最初から整って

います。また、Kubernetesへデプロイするための設定ファイルを作成したりする機能が備わっているものもあります。

■Native Imageへの対応

　フレームワークによって対応の度合いは異なりますが、GraalVM Native Imageへの対応も進められています。先ほど述べたとおり、GraalVM Native Imageはリフレクション対象のクラス名を事前にリスト化したり、Native Imageで使用できないクラスを置換したりといったさまざまな制約があります。そこで、フレームワーク側ではリフレクションを使わないようにしたり、リフレクション対象のクラスを自動抽出する機能を持っていたり、あらかじめNative Imageを生成可能な設定にしてフレームワーク内で使用しているライブラリを組み込んだりしています。

■サーバサイドKotlin

　フレームワークによっては、実装言語にKotlinを選択可能なものもあります。Javaと比較して簡潔な文法やコルーチンなど非同期処理を書きやすくする機能を持ち、Androidの実装言語として注目を集めるKotlinは、サーバサイドのWebフレームワークでも徐々に採用が進んでいます。た

とえば、Spring FrameworkでもKotlinが正式に採用され、コルーチンを駆使したAPIの提供が予定されているなど積極的にKotlinを推進する姿勢が見えます。

まとめ

　ここまで述べてきたような特徴を持つフレームワークで作ったアプリケーションは、どの環境でもデプロイや状態の把握が容易、起動が高速といった利点が得られます。たとえクラウドやマイクロサービスアーキテクチャでなくとも、これらの利点はきっとシステム運用上、役立つでしょう。

　図1、**図2**の画面はこれから紹介するフレームワークで実際に作った4つのサンプルアプリケーションを動かした状態を収集したものです。図1は、各アプリケーションのメトリクスをPrometheusで収集し、稼働状態、APIの呼び出し回数、ヒープ使用量を可視化したものです。図2は、4つのアプリケーションをAPIで連結したときの順番や処理時間を分散トレーシングライブラリのJaegerで収集し可視化したものです。

　異なるフレームワークであっても、アプリケーションの状態が一元的に収集できていることがわかるでしょうか。次の節からは、本節で解説し

図1　Prometheusで収集して可視化した結果

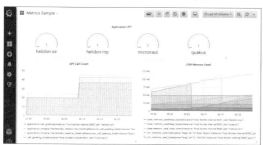

図2　Jaegerで収集して可視化した結果

た可搬性、観測性、API連携を中心に各フレームワークでこれらの機能を実現するための方法を述べていきます。また、それとは別に各フレームワークの特徴のある機能も紹介します。

残念ながら紙幅の都合上、次の事柄については触れませんが、詳しい使い方については公式ドキュメントで解説されています。

- セキュリティ
- ロギング
- ユニットテスト
- サーキットブレイカーなどAPI呼び出し時の障害対策
- HTMLなどWebページのレンダリング

サンプルコードと動作環境

なお、本章で使用するソースコードはGitHubリポジトリ注13で公開しています。このソースコードには、今回紹介する各フレームワークのサンプルコードのほかに、以上で紹介したPrometheus、Grafana、JaegerをDockerで実行する設定も入っています。ぜひ実際に動かしてみてください。

また、サンプルコードの開発に用いた筆者の環境は次の通りです。

- 筆者の環境:MacBook Pro 2017 13-inch、Core I7、16GB RAM
- JVM:AdoptOpenJdk 11.0.5(HotSpot)、フレームワークによってはコンパイラレベルをJava1.8にしています

注13）https://github.com/kencharos/java-frameworks

6-2

軽量で多機能なフルスタックフレームワークMicronaut

コンパイル時のDIで高速起動を実現し、実用的な機能満載で多機能なクラウドネイティブフレームワーク、Micronautを紹介します。

Micronautとは

2018年5月にリリースされた**Micronaut**[注1]は、Grailsの開発も行っているObject Computing社が中心に開発しているフルスタックのOSSフレームワークです[注2]。高速で軽量、かつクラウドネイティブなアプリケーションを作るためのフレームワークと位置付けられています。今回紹介するフレームワークの中では、実用的な機能を積極的に取り込んでいるため、もっとも多機能です。Dependency Injection（以降DIと略します）を標準で備え、データベースなどのストレージ連携、非同期処理、gRPC、メッセージング処理などに対応しているほか、AWS、Azure、GCP（Google Cloud Platform）などのクラウドとの連携や、AWS LambdaのようなFaaSにも対応しています。開発言語は、Java、Kotlin、Groovyを使用できます。GraalVM Native Imageへの取り組みもリリース当初から行っていました。

しかも、多機能でありながら、起動速度の改善や消費リソースの削減にも力を入れています。これを実現するのは、Micronautの最大の特徴ともいえるコンパイル時のDIです。DIは依存関係のあるクラスを見つけて、その情報をDIコンテナに登録する処理をアプリケーション起動時に行うので、アプリケーションが巨大になるほど時間がかかるようになります。一方、JavaにはAnnotation Processingという仕組みがあり、コンパイル時にアノテーションを起因として任意の処理を行えます。Micronautのコンパイル時のDIは、Annotation Processingを利用して、本来は起動時に行うDIの初期化処理の大半をコンパイル時に実施し、DI用のコードやクラスファイルを自動生成しているのです。そのため、コンパイル時のDIにより起動時間の高速化が期待できます。アプリケーションが大きくなるほど、その恩恵は大きくなるでしょう。DIを使用しているにもかかわらず、今回作成したサンプルコードの起動時間は約1740ミリ秒です。なお、HTTPサーバの基盤は、ノンブロッキングI/Oで非同期通信を行うライブラリであるNetty[注3]を使用しています。

それでは、まず簡単な処理を書いてみましょう。

Micronautの導入とHello World

Micronautは、Spring Bootから多大な影響を受けています。Spring FrameworkとSpring

注1）執筆時点でのバージョンは1.2.6です。
注2）https://micronaut.io/
注3）https://netty.io/

図1 単純なJavaのWebアプリケーションの作成

```
mn create-app minjava.frameworks.micronaut.
micronaut-sample
```

図2 FatJarを作成

```
./gradlew shadowJar
java -jar build/libs/micronaut-sample-0.1-
all.jar
```

Bootは優れたフレームワークです。6-1で解説している可搬性や観測性に関する機能なども Spring Bootで広く知られるようになった機能だと思います。一方で、歴史のあるフレームワークであるため、今ではあまり使われなくなった機能もあります。そのため、MicronautはSpring Bootから古い機能を取り払い、コンパイル時のDIで高速化を狙ったフレームワークといってもいいかもしれません。実際、Springを触ったことのある方ならプログラムの書き方は似ているので、学習は容易だと思います。

Micronautのひな形アプリケーションは、Micronaut CLIというコマンドラインツールを使います注4。一番単純なJavaのWebアプリケーションは、**図1**のようにして作成します。これで、ひな形のアプリケーションが作成できます。

ビルドして実行するには、**図2**のようにgradleの**shadowJar**を使用して、全ての依存性を1つのJarファイルにまとめたFatJarを作成します。

では、前節で挙げた可搬性、観測性、API連携をもつアプリケーションを作っていきます。まずは、単純なJSONを返す**/greeting**エンドポイントを作ります（**リスト1**）。続いて、JSONに対応するJavaオブジェクトを作成します（**リスト**

リスト1 単純なGreeting JSONオブジェクト

```
{
    "name": "micronaut",
    "message": "this is micronaut service"
}
```

リスト2 name、及びmessageを保持するGreetingクラスを作成

```
public class Greeting {

    private String name;
    private String message;

    public Greeting(){}

    public Greeting(String name, String
message) {
        this.name = name;
        this.message = message;
    }
    // getter,setterは省略
}
```

リスト3 JSONを返す/greetingエンドポイントを作成

```
import io.micronaut.http.annotation.
Controller;
import io.micronaut.http.annotation.Get;

@Controller
public class GreetingController {

    @Get("/greeting")
    public Greeting greeting() {
        return new Greeting("micronaut",
"this is micronaut service");
    }
}
```

2）。そして、JAX-RSやSpring MVCと似ていて、Micronautの**@Controller**アノテーションを付与したクラスのメソッドにエンドポイントを表すアノテーションを付与して作成します（**リスト3**）。オブジェクトとJSONの対応は、Micronautが自動で行います。

mainメソッドを起動してエンドポイントにアクセスしてみます（**図3**）。JSONが取得できました。ここで、ビルドされたクラスファイルの一覧を見てみましょう（**図4**）。

注4）https://docs.micronaut.io/latest/guide/index.html#buildCLI のインストールにしたがって導入

作成したGreetingControllerに対して、複数のクラスが自動生成されていることがわかります。これらのクラスはコンパイル時のDIで作成されたクラスであり、アプリケーションの起動時にDIコンテナにさまざまな情報を設定するような処理が書かれています。この仕組みによって起動時にDI対象のクラスを探す必要がなくなり、大幅な起動時間の短縮につながります。

ここまで簡単なアプリケーションの作成とコンパイル時のDIについて説明しました。ここから機能を足していきましょう。

HTTPクライアントを作成

続いて、このアプリケーションから別のアプリケーションのHTTPエンドポイントを呼び出すコードを作成します。HTTPクライアントの実行先は、次節以降で作成する別のフレームワークのアプリケーションです。すべてのアプリケーションが前述のGreetingオブジェクトのJSONレスポンスを返すものとし、HTTPクライアントは、このGreetingオブジェクトの取得を次々に行うことで、各アプリケーションのGreetingを集めてきます。**リスト4**のようなJSONが得られるものとします。このJSONに対応するJavaクラスは、**リスト5**のようになります。

それでは、HTTPクライアントを作成します。MicronautはHTTP通信のメソッドを呼び出す低水準なHTTPクライアントと、インターフェースを作成して通信処理を自動化する高水準なHTTPクライアントの2種類があります。ここでは、後者の方法について解説します。

後者の方法では、インターフェースのメソッドに

図3　エンドポイントにアクセス

```
$ curl http://localhost:8080/greeting
{"name":"micronaut","message":↵
"this is micronaut service"}
```

図4　ビルドされたクラスファイルの一覧

```
$ ls -1 build/classes/java/main/minjava/frameworks/micronaut/
$GreetingClient$InterceptedDefinition$$exec1$$AnnotationMetadata.class
$GreetingClient$InterceptedDefinition$$exec1.class
$GreetingClient$InterceptedDefinition.class
$GreetingClient$InterceptedDefinitionClass$$AnnotationMetadata.class
$GreetingClient$InterceptedDefinitionClass.class
$GreetingControllerDefinition$$exec1$$AnnotationMetadata.class
$GreetingControllerDefinition$$exec1.class
$GreetingControllerDefinition.class
$GreetingControllerDefinitionClass$$AnnotationMetadata.class
$GreetingControllerDefinitionClass.class
Application.class
Greeting.class
GreetingController.class
```

リスト4　API通信で使用するJSONのサンプル

```
{
    "greetings":[
        {"name":"micronaut", "message":"this is helidon-MP Service."},
        {"name":"quarkus", "message":"this is quarkus service"},
        {"name":"helidon-se", "this is helidon SE service"},
        {"name":"helidon-mp", "message":"this is helidon MP Service"}
    ]
}
```

HTTPリクエスト・レスポンスに対応するクラスを指定し、エンドポイントの設定をアノテーションで設定します。前節と同様に**Greeting**を収集するHTTPクライアントを定義してみます（**リスト6**）。

@ClientアノテーションにベースURLを指定し、メソッドには**@Get**アノテーションとエンドポイントを指定して、そのエンドポイントのGETリクエストであること、HTTPレスポンスは**Greetings**型に相当するJSONであることを示しています。

ここで、補足する点が2点あります。1つめは**@Client**アノテーションに書いた**${sample.next}**についてです。これは設定ファイルから値を取得する方法で、**リスト7**のような設定ファイルの**sample.next**の値からベースURLを取得しています。

この値は環境変数などで上書きができます。たとえば、環境変数に**SAMPLE_NEXT=http://example.com**を設定して起動すると、**sample.next**には環境変数の値が優先して設定されます。そのため、ビルドなしで本番環境での接続先を容易に切り替えることができます。

2つめはメソッドの戻り値が**io.reactivex.Single**になっているものがあることです。Micronautはリアクティブプログラミングに対応していて、コントローラやHTTPクライアントの戻り値、引数にRxJavaのリアクティブなクラス、非同期計算の結果を表すCompletableFutureを指定できます。一度のリクエストで複数のHTTPクライアント通信を行うような場合にリアクティブや非同期処理を用いると、同期処理をブロックせずに合成できるので効率がよくなります。

リスト5 JSONに対応するJavaクラス

```
public class Greetings {

    private List<Greeting> greetings = new ArrayList<>();

    public Greetings add(Greeting g) {
        List<Greeting> added = Stream.concat(greetings.stream(), Stream.of(g))
                .collect(Collectors.toList());
        return new Greetings(added);
    }
    //getter,setterは割愛
}
```

リスト6 HTTPクライアントを定義

```
import io.micronaut.http.annotation.Get;
import io.micronaut.http.client.annotation.↩
Client;
import io.reactivex.Single;

@Client("${sample.next}")
public interface GreetingClient {

    @Get("/greeting")
    Greetings collectGreetings();

    @Get("/greeting")
    Single<Greetings> collectGreetingsRx();
}
```

リスト7 設定ファイルから値を取得

```
micronaut:
  application:
    name: micronaut-sample
  server:
    port: 8080

# QuarkusアプリケーションのURL
sample.next: "http://localhost:8080"
```

また、単一のHTTPクライアントの呼び出しのみであれば、これらの機能を使わずに単純なクラスを使うようにすることで、Micronautのフレームワーク上で適切に処理してくれます。処理の内容によって、非同期処理を使うか使わないかを選択できるようになっています。では、HTTPクライアントの呼び出しをコントローラに追加してみます（リスト8）。

インターフェースで作成したHTTPクライアントをコンストラクタでインジェクションします。インターフェースの実装に相当するHTTP通信部分は、Micronautが自動で生成します。通常のクラスを使用したメソッドでは、クライアントのメソッドを呼び出して結果を取得し、自身のGreetingオブジェクトを追加して戻り値にします。リアクティブ値Singleを使用したメソッドでは、Singleに備わるmapメソッドとラムダ式を使用して値の変更を行い、Singleのまま戻り値にします。コントローラの戻り値もSingleにしてお

き、コントローラの中でSingleの中にあるGreetingsオブジェクトを取得しないようにします。もしSingleの中身を取得すると、その時点で同期処理となり、処理効率が落ちてしまいます。

通信処理の詳細を書くことなく、HTTPクライアントの作成ができました。

■分散トレーシングを設定

サーバとクライアントの両方ができたので、ここに分散トレーシングの設定を組込みましょう。MicronautはOpenTracingを使用してZipkinかJaegerにTraceを送信できます。Traceの送信はコードを書いて自分で行えますが、ほとんどの場合はフレームワークが暗黙的にTraceの送信を行うようにサポートしています。よって、単純な内容であれば設定のみでサーバ側もHTTPクライアント側も何もせずTrace送信できます。

リスト8　HTTPクライアントの呼び出しをコントローラに追加

```
@Controller
public class GreetingController {

    private final GreetingClient client;
    // HTTPクライアントをインジェクション
    public GreetingController(GreetingClient client) {
        this.client = client;
    }

    @Get("/greeting")
    public Greeting greeting() {//割愛}

    @Get("/greetings")
    public Greetings collectGreeting() {
        Greetings other = client.collectGreetings();
        return other.add(greeting());
    }

    @Get("/greetingsRx")
    public Single<Greetings> collectGreetingRx() {
        //リアクティブの場合、ラムダ式で値を変更していく
        return client.collectGreetingsRx()
                    .map(other -> other.add(greeting()));
    }
}
```

今回はJaeger向けの設定を行います[注5]。まずは、build.gradleの**dependencies**に**micronaut-tracing**とJaegerのライブラリを追加します（**リスト9**）。

続いて、設定ファイルの**tracing**で、Jaegerを設定します（**リスト10**）。Jaegerサーバが標準の設定で起動しているなら、ほかの設定は不要です[注6]。もし異なるようなら、Micronautのドキュメントを参照して設定を追加します。

基本的にこれだけでアプリケーションのリクエストや、Micronautが提供するHTTPクライアントやそのほかのAPI呼び出しを行う機能は、自動的にTraceを送信する機能が埋め込まれます。分散トレーシングという手法が広がってから生まれたフレームワークであるため、分散トレーシングを簡単に導入できる工夫がされていることがわかります。分散トレーシングの結果については、6-1の図2を参照してください。

注5） Micronaut、Quarkus、Helidonでデフォルトで共通使用可能な製品はJaegerのみです。

注6） 筆者のサンプルコードではJaegerサーバはデフォルトのポートを使用して、ローカルPCにDockerコンテナとして起動しています。Dockerコンテナの定義は、サンプルコードのGitHubリポジトリに含まれています。

リスト9 micronaut-tracingとJaegerのライブラリを追加

```
dependencies {
    //...
    // tracing
    compile 'io.micronaut:micronaut-tracing'
    compile 'io.jaegertracing:jaeger-thrift'
    //...
}
```

リスト11 micrometerライブラリを追加

```
dependencies {
    //...
    // health, metrics
    compile "io.micronaut:micronaut-management"
    compile "io.micronaut.configuration:micronaut-micrometer-core"
    compile "io.micronaut.configuration:micronaut-micrometer-registry-prometheus"
}
```

ヘルスチェック・メトリクスを設定

Micronautは、標準で組込みのヘルスチェックとメトリクスの公開機能を備えています。メトリクスは、Pivotal社が開発し、Spring Frameworkでも使われている、メトリクスのライブラリ**Micrometer**[注7]を使用しています。Micrometerは、アプリケーション内でメトリクスを扱うためのAPIを提供しています。特徴は、メトリクスをPrometheusなどの各種メトリクス収集ツールに合わせて、プラグイン形式で拡張できることです。Micronautでは、Micrometerを使ってホストやJVMの情報、アプリケーションサーバのリクエストの統計やコネクションプールの情報などを標準で提供します。また、MicrometerのAPIを使って自作のメトリクスの追加もできます。

それでは、ヘルスチェックなど管理用エンドポイントを追加する**management**ライブラリと、**micrometer**および**micrometer**を**prometheus**で公開するライブラリを追加します（**リスト11**）。そして、設定ファイルに、管理用エンドポイントの設定を追加します（**リスト12**）。

注7） https://micrometer.io/

リスト10 Jaegerを設定

```
tracing:
  jaeger:
    enabled: true
    #URLなどがデフォルトと異なるなら設定を追加
```

Micrometerを使用した**/Greeting**エンドポイントの実行回数のメトリクスを記録する方法を見てみます。自作メトリクスを登録するには**MeterRegistry**を使用します。**MeterRegistry**はライブラリの組込みにより、インジェクションが可能になっています（**リスト13**）。

MeterRegistryから**Counter**オブジェクトを取得し、**/greeting**呼び出しごとにカウントアップします。では、実行してみましょう。最初は、

/healthエンドポイントです（**リスト14**）。JSONで稼働情報を知ることができます。

続いて、Micronautが提供する**/metrics**エンドポイントです（**図5**）。**/metrics**エンドポイントはメトリクス名と値の一覧を取得します。出力はある程度絞ってありますが、組込みの多数のメトリクスと自作メトリクスの両方が出ています。

詳細を見るには、メトリクス名を指定してリクエストします（**図6**）。呼び出し回数の記録がで

リスト12　管理用エンドポイントの設定を追加

```
# health, metrics(prometheus)
endpoints:
  health: #ヘルスチェックエンドポイントを有効にする
    enabled: true
    sensitive: false #テストなので認証不要
    details-visible: ANONYMOUS
  metrics: #メトリクスエンドポイントを有効に
    enabled: true
    export:
      prometheus:
        enabled: true
        step: PT1M
        descriptions: true
  prometheus: #prometheusエンドポイントを有効に
    enabled: true
    sensitive: false
```

リスト13　/Greetingエンドポイントの実行回数のメトリクスを記録する方法

```
import io.micrometer.core.instrument.Counter;
import io.micrometer.core.instrument.MeterRegistry;
import io.micronaut.http.annotation.Controller;
import io.micronaut.http.annotation.Get;

@Controller
public class GreetingController {

    private final Counter counter;
    private final GreetingClient client;

    public GreetingController(MeterRegistry meterRegistry, GreetingClient client) {
        //MeterRegistryを取得し、カウンターを設定
        this.counter = meterRegistry.counter("call_greeting");
        this.client = client;
    }

    @Get("/greeting")
    public Greeting greeting() {
        // カウンターを増加
        counter.increment();
        return new Greeting("micronaut", "this is micronaut service");
    }
```

きています。

　続いて、Prometheus形式のメトリクス出力を行う**/prometheus**エンドポイントを見てみます（**図7**）。こちらも出力を絞っていますが、**/metrics**エンドポイントと同じ内容のメトリクスがPrometheus向けにフォーマットされて出ていることがわかります。

　これまでの機能を実装した場合の起動時間はおおよそ1800ミリ秒でした。DIをはじめとした多機能でありながら、高速に起動することが実感できると思います。

関数型アプリケーションを AWS Lambdaにデプロイ

　Micronautは多機能なフレームワークで、さまざまなライブラリやクラウドとの連携機能があり

ます。先ほど紹介した基本的なWebアプリケーションのほかにも、関数型アプリケーションやCLIなど複数の実行形式があります。関数型アプリケーションを作成し、さらにAWS Lambdaにデプロイしてみましょう。なお、AWSやAWS Lambda自体の説明は省略しますが、AWSアカウントがあればすぐに試せる内容です。

　関数型アプリケーションは、Micronato CLIで**create-function**を指定して作成します（**図8**）。

　これで、AWS Lambdaで実行するためのライブラリが構成された状態のひな形ができます。

リスト14　/healthエンドポイント

```
{
  "name": "micronaut-sample",
  "status": "UP",
  "details": {
    "compositeDiscoveryClient()": {
      "name": "micronaut-sample",
      "status": "UP"
    },
    "diskSpace": {
      "name": "micronaut-sample",
      "status": "UP",
      "details": {
        "total": 250685575168,
        "free": 88574259200,
        "threshold": 10485760
      }
    }
  }
}
```

図5　/metricsエンドポイント

```
$ curl http://localhost:8080/metrics | jq
{
  "names": [
    "call_greeting",
    "http.server.requests",
    "jvm.memory.used",
    "system.cpu.count",
    "system.cpu.usage",
    "system.load.average.1m"
  ]
}
```

図6　メトリクス名を指定してリクエスト

```
curl http://localhost:8082/metrics/call_↩
greeting
{
  "name": "call_greeting",
  "measurements": [
    {
      "statistic": "COUNT",
      "value": 4
    }
  ]
}
```

図7　/prometheusエンドポイント

```
curl http://localhost:8082/prometheus
# HELP jvm_memory_used_bytes The amount of used memory
# TYPE jvm_memory_used_bytes gauge
jvm_memory_used_bytes{area="nonheap",id="CodeHeap 'profiled nmethods'",} 5212160.0
jvm_memory_used_bytes{area="heap",id="G1 Survivor Space",} 6291456.0
jvm_memory_used_bytes{area="heap",id="G1 Old Gen",} 1806528.0
# HELP call_greeting_total
# TYPE call_greeting_total counter
call_greeting_total 4.0
```

作成するアプリケーションは、次のような JSONです。

```
{"name":"micronat"}
```

そして、次のJSONを返す簡単なものです。

```
{"message":"Hello! micronaut"}
```

これらのJSONに対応するクラスは、**リスト15**、**リスト16**のようになります。

MicronautのDIが関数型アプリケーションでも使用できるかを確認したいので、**リスト17**のような文字列を加工する処理を持ったクラスを作成します。**@Singleton**が付与されたクラスは、Micronautではインジェクション対象のオブジェクトとしてDIコンテナに登録されます。

では、これらのクラスを使用した関数のクラスを作成します（**リスト18**）。**@FunctionBean**アノテーションで、このクラスが関数であることを示します。**Function**を実装し、**apply**メソッドで関数の処理を記述します。関数の処理では、先ほど作成した**SampleService**のメソッドを呼び出しJSONに相当するオブジェクトを返却します。**SampleService**は、**@Inject**アノテーションを付けておくとMicronautがインジェクションします。

図8 create-functionを指定して作成

```
mn create-function minjava.frameworks.🔁
micronaut.micronaut-lambda-sample
```

リスト15 入力値nameに対応するクラス

```
public class LambdaInput {

    private String name;
    // Getter/Setterは省略
}
```

■ローカルマシンで動作確認

AWS Lambdaへデプロイする前にローカルマシンで動作確認をします。関数型アプリケーションをWebアプリケーションとして実行するには、次の2つの依存性を追加します（**リスト19**）。

この状態でアプリケーションを起動すると、**@FunctionBean**アノテーションに記述した関数名をエンドポイントとして動作確認できます（**図9**）。

JSON変換やインジェクションしたオブジェクトのメソッドの呼び出しができていることが確認できました。このようにMicronautの関数型アプリケーションはコントローラー形式以外の方法で、Webアプリケーションを構築することにも使えます。

■AWS Lambdaにデプロイ

では続いて、AWS Lambdaにデプロイしてみます。先ほど追加した依存性はAWS Lambdaでは使用しませんので、JARファイルのサイズを減らすためにも削除しておきます。次のコマンドを

リスト16 出力値messageに対応するクラス

```
public class LambdaOutput {

    private final String message;

    public LambdaOutput(String message) {
        this.message = message;
    }
    // Getterは省略
}
```

リスト17 文字列を加工する処理を持ったクラスを作成

```
import javax.inject.Singleton;

@Singleton
public class SampleService {
    public String greet(String name) {
        return "Hello! " + name;
    }
}
```

実行すると、約9.5Mバイトの FarJarが作成されます。

```
./gradlw shadowJar
```

　各自のAWSアカウントで AWS Lambdaアプリケーションを作成し、Java 8ランタイム[注8] で先ほど作ったJARファイルをアップロードします。AWS Lambdaを起動するハンドラには`io.micronaut.function. aws.MicronautRequest StreamHandler`を記述します。図10のようになります。

　デプロイが終わったら、テストをしてみましょう。任意のJSONのテストデータを作成してテストを実行します。図11のように成功すれば、正常にデプロイできています。

　AWS LambdaのJavaランタイムは初回の実行が非常に遅いことで知られています。図11でも処理時間が10秒かかっていますが、これは初回だけで、次回以降は高速で処理されます。AWS Lambdaで割り当てたメモリサイズごとの処理時間を表1に示しておきます。

　割り当てメモリが大きいほどCPUの割り当ても大きくなるので、初回起動にかかる時間はメモリ

リスト18　関数のクラスを作成

```java
import io.micronaut.function.executor.FunctionInitializer;
import io.micronaut.function.FunctionBean;
import javax.inject.*;
import java.util.function.Function;

@FunctionBean("micronaut-lambda-sample")
public class MicronautLambdaSampleFunction
        extends FunctionInitializer
        implements Function<LambdaInput, LambdaOutput> {

    @Inject
    SampleService service;

    @Override
    public LambdaOutput apply(LambdaInput input) {
        return new LambdaOutput(service.greet(input.getName()));
    }
}
```

リスト19　関数型アプリケーションの依存性を追加

```
dependencies {
    compile "io.micronaut:micronaut-http-server-netty"
    compile "io.micronaut:micronaut-function-web"
}
```

図9　関数名をエンドポイントとして動作確認

```
curl -X POST http://localhost:8080/micronaut-lambda-sample ↩
-d '{"name":"test"}' -H "content-type:application/json"
{"message":"Hello! test"}
```

図10　AWS Lambdaにハンドラを設定してアプリケーションをアップロード

が大きいほど短くなります。ただ、初回以降の処理速度やメモリ消費はそれほど差異はありませんでした。また、最小の128Mバイトの割り当てではメモリが足りず、起動すらできませんでした。

　ただし、DIが使える高機能なフレームワークでも、198Mバイトの割り当てでLambdaが動作したり、JARファイルのサイズが10Mバイト以下に

注8)　一部のライブラリをアップデートする必要はありますが、新しくサポートされたJava 11 ランタイムでの実行も可能です。詳しくはGithubリポジトリを参照してください。

図11 JSONのテストデータを作成してテストを実行した結果

micronaut-lambda-sample　　　スロットリング　限定条件 ▼　アクション ▼　hello　　　　▼　テスト　保存

◎ 実行結果: 成功 (ログ)　　　　　　　　　　　　　　　　　　　　　　　　×

▼ 詳細

関数の実行から返された結果が以下のエリアに表示されます。関数から結果を返す方法の詳細については、こちらを参照してください。

```
{
    "message": "Hello! micronaut"
}
```

概要

コード SHA-256
2xWX14n7E1DI5TutQizmpIRyOS+8GQrm1uLOl/ixB5I=

リクエスト ID
6906b7bb-b01f-464d-ba58-26300d5c8d93

所要時間
9641.27 ms

課金期間
9700 ms

設定済みリソース
512 MB

使用中の最大メモリ
137 MB Init Duration: 54.43 ms

ログ出力
下のセクションに、コード内のログ記録呼び出しが表示されます。これらはそれぞれ、CloudWatch ログループ内でこの Lambda 関数に対応する単一行です。CloudWatch ログループを
表示するには、ここをクリックし、ここをクリックしてください。

```
START RequestId: 6906b7bb-b01f-464d-ba58-26300d5c8d93 Version: $LATEST
ERROR StatusLogger No log4j2 configuration file found. Using default configuration: logging only errors to the console. Set system
property 'log4j2.debug' to show Log4j2 internal initialization logging.
END RequestId: 6906b7bb-b01f-464d-ba58-26300d5c8d93
REPORT RequestId: 6906b7bb-b01f-464d-ba58-26300d5c8d93  Duration: 9641.27 ms    Billed Duration: 9700 ms    Memory Size: 512 MB
Max Memory Used: 137 MB Init Duration: 54.43 ms
```

表1 AWS Lambdaで割り当てたメモリサイズごとの処理時間

割り当てた メモリ	使用したメ モリ	初回起動の処 理時間	初回以降の 処理時間
128 MB	(起動不可)	-	-
192 MB	130 MB	20000 ミリ秒	1.3 ミリ秒
256 MB	111 MB	13000 ミリ秒	1.3 ミリ秒
512 MB	138 MB	9800 ミリ秒	1.31 ミリ秒

収まるのは、Micronautが軽量であることにこだわった結果であると言えます。AWS Lambdaである程度複雑なアプリケーションを作る場合に有用でしょう。どうしても初回起動の遅さが無視できない場合、AWS LambdaのCustom RuntimeとGraalVM Native Imageを使用して、高速起動するネイティブアプリケーションを作る方法があります。スペースの関係上、誌面では紹介できませんが、興味のある方はMicronautのドキュメントを参照してください[注9]。

まとめ

高速・軽量・多機能なフレームワーク

Micronautを解説しました。コンパイル時、DIによる起動速度の高速化はアプリケーションが大きくなっていくほど恩恵を受けられるはずです。バージョン1.0で中核機能が安定したため、現在は周辺機能の拡充に力を入れているようです。データベースやHTMLレンダリングといった通常のWebアプリケーションにも対応していますし、NoSQL、Apache Kafkaなどの非同期メッセージング、gRPCやGraphQLなどにも対応しています。公開されている事例は少ないですが、国内でも採用事例があります。

いろいろな機能が紹介しきれないほどあり、活発に開発が進められているので、Micronautのドキュメントを見ることをお勧めします。世の中で広く使われているライブラリや製品、クラウドにはだいたい対応していることが読み取れると思います。一方でドキュメントが最新のコードに追従してないこともあるため、試行錯誤が必要となることもあります。Spring Frameworkのように、どのような用途にも合わせられる汎用的なフレームワークであると言えます。

注9) https://micronaut-projects.github.io/micronaut-aws/latest/
guide/#customRuntimes

6-3 クラウドネイティブな 高速フレームワークQuarkus

GraalVM Native Imageと親和性が高く、ホットリロードも搭載しているQuarkus を紹介します。

Quarkusとは

2019年3月にRed Hat社が発表したフレームワークであるQuarkus[注1]は、Dockerコンテナで効率よく動作するように軽量性と高速起動にこだわって、MicroProfileを中心に厳選されたライブラリで構成しています[注2]。MicroProfileは、軽量なWebアプリケーションを作るための仕様として、Java EE/Jakarta EEの一部を切り出したものと独自のAPIを追加しています。そのため、MicroProfileはParayaやOpen Libertyといったっ Java EE/Jakarta EEのWebアプリケーションサーバにオプションで提供されることがほとんどで、MicroProfileを実行するためにはWebアプリケーションサーバの導入が必要でした。一方、Quarkusは、NettyとVert.x[注3]を基盤として、Webアプリケーションサーバを必要としないスタンドアローンなJARファイルを作成します。

最大の特徴は、JVM（Java HotSpot VMが基盤）とGraalVM Native Imageとの両方のビルドやテストに対応していることです。GraalVM Native Imageのビルドには、今回紹介するフレームワークのすべてで対応していますが、Quarkusは開発用ツールやテスト、ビルド方式など開発行程全般でGraalVM Native Imageを意識したサポートを行っていることが違います。また、GraalVM Native ImageだけでなくJVMで動かす場合でも、起動速度が速くなるように工夫されているので、GraalVM Native Imageを使わない場合でも高速化の恩恵を受けることができます。その仕組みは、ArCという新しく開発されたCDI実装にあります。ArCはビルド時にコード生成を行う機能を持ったCDI実装です。ビルド時にDIの解決のほかに、起動速度を改善するためのコードや、GraalVM Native Imageの制約を回避するためのコードを生成できます。前節で紹介したMicronautのコンパイル時のDIと同じような機能です。この機能があることで、アプリケーション起動時に行う処理の一部をビルドのタイミングに寄せることができるため、JVMであっても起動処理の高速化ができますし、GraalVM Native Imageへの対応も行えます。ただ、ArCは独自実装であるため、本来CDIの仕様にある一部の機能は実装されていません。とくに、CDIを通した拡張機能であるPortable extensionsは使用できません。

注1) 執筆時点でのバージョンは1.0.1.Finalです。
注2) https://quarkus.io/
注3) https://vertx.io/

そのかわりに、それを埋めるためにQuarkusは
Extensions[注4]という独自の拡張機能を持ってい
ます。機能を追加したり、データベースなどの外
部ライブラリの使用が可能です。Webアプリケー
ション向け機能や、JPAなどのデータベースライ
ブラリ、クラウド向けの機能、Apache Kafkaな
どのメッセージングライブラリなどよく使う機能
が揃っています。これらの機能も、ビルド時の最
適化やGraalVM Native Image対応が行われ
ているので、高速化の恩恵を受けられます。ほか
にフレームワークとして、ライブラリだけでなく、
コマンドラインツールが整備されていることや
ホットデプロイを備えていることなど、開発者の
負担を軽減するような工夫があることも特徴で
す。

では、前節と同様に、基本的なWebアプリケー
ションを作ってみましょう。

注4）https://quarkus.io/extensions/

図1　Mavenを使用してアプリケーションを作成

```
mvn io.quarkus:quarkus-maven-plugin:1.0.1.Final:create ¥
    -DprojectGroupId=minjava.frameworks ¥
    -DprojectArtifactId=quarkus-sample ¥
    -DclassName="minjava.frameworks.quarkus.GreetingResources" ¥
    -Dpath="/greeting"
```

リスト1　JSONオブジェクトを返すように修正

```
import javax.ws.rs.GET;
import javax.ws.rs.Path;
import javax.ws.rs.Produces;
import javax.ws.rs.core.MediaType;

@Path("/greeting")
public class GreetingResources {

    @GET
    @Produces(MediaType.APPLICATION_JSON)
    public Greeting greet() {
        return new Greeting("quarkus", "this is Quarkus sample");
    }
}
```

Quarkus で Hello World

まずは、ひな形のアプリケーションである
Mavenを使用して作成します（**図1**）。

Quarkusの基本的な設定を含んだ一通りの
ファイル一式が作成できます[注5]。エンドポイント
のひな形のほかに、Dockerイメージを作成する
ためのDockerfileやGraalVM Native Imageを
ビルドするための設定なども含まれています。ひ
な形として作成された**GreetingResources**に
対して、今までのフレームワークの紹介で作成し
てきたJSONオブジェクトを返すように修正して
みます（**リスト1**）。

QuarkusはMicroProfileに対応したフレーム
ワークです。そのため、エンドポイントの実装は
JAX-RSを使用して行います。

では、アプリケーションを起動して稼動確認を
してみます。これまでのフレームワークとは異な
り、Quarkusには**main**メソッドはありません。代
わりに、次のコマンドでアプリ
ケーションを起動します。

```
./mvnw compile quarkus:dev
```

quarkus:で始まるコマンドが
Quarkusによって追加されたも
ので、**quarkus:dev**は開発モード
でアプリケーションを起動しま
す。起動後、**/greeting**エンドポ
イントにアクセスしてみます（**図
2**）。

注5）バージョン1.0.0からWebブラウザか
ら雛形コードを作成できるサイト（https://
code.quarkus.io/）が公開されていて、こちら
からも作成ができます。

問題なくJSONが取得できました。

■ホットデプロイを試す

Quarkusには、開発モードでアプリケーションを起動したままでソースコードの変更を反映する**ホットデプロイ**という機能があります。`quarkus:dev`を実行したまま`Greeting Resources`の戻り値を少し変えて保存してみます（**リスト2**）。そのままもう一度、エンドポイントにアクセスしてみます（**図3**）。

ソースコードの変更が検知されました。開発モードで起動している場合、エンドポイントのアクセス時にソースコードの変更を検知すると、再コンパイルしてアプリケーションを起動しなおします。これが有用なのは、起動処理の高速化に注力しているQuarkusならではでしょう。開発モードの最初の起動やホットデプロイは、おおよそ1秒程度で完了します。

HTTPクライアントを作成

では、基本のエンドポイントにいくつか機能を追加していきます。まずは外部サービスを呼び出すHTTPクライアントを作成します。アクセス先は、次節で作成するHelidon SEのアプリケーションを想定しています。HTTPクライアントはMicroProfile Rest Clientを使用して作成します。これはインターフェースとアノテーションを使用した高水準HTTPクライアントを作るための機能です。

そして、QuarkusにMicroProfile Rest ClientのExtensionsを追加します。「pom.xml」を直接編集しても良いのですが、コマンドラインツールも用意されています。Extensionsの一覧は先ほ

図2 エンドポイントにアクセス

```
$ curl http://localhost:8081/greeting
{"message":"this is Quarkus sample","name":"quarkus"}
```

リスト2 GreetingResourcesの戻り値を少し変えて保存

```
public Greeting greet() {
    return new Greeting("quarkus", "Changed!!");
}
```

図3 エンドポイントにアクセス

```
$ curl http://localhost:8081/greeting
{"message":"Changed!!","name":"quarkus"}
```

図4 2つのExtensionsを追加

```
./mvnw quarkus:add-extension -Dextension=rest-client
./mvnw quarkus:add-extension -Dextension=rest-jsonb
```

ど紹介したWebページのほかに、`./mvnw quarkus:list-extensions`でも参照できます。ここから見つけたExtensionsは、次のコマンドで登録できます。今回はRest ClientとRest ClientをJSONに対応するための2つのExtensionsを追加します（**図4**）。

これで適切な依存性が「pom.xml」に追加されますので、続いてHTTPクライアントを作成します。**リスト3**のように、`@RegisterRestClient`アノテーションとJAX-RSのアノテーションを使用してインターフェースを追加します。

前節のMicronautのHTTPクライアントとよく似ていると思います。MicroProfile Rest Clientでは、非同期処理のために`CompletionStage`を使用できます。

次に、このHTTPクライアントを使用するJAX-RSエンドポイントを作成します（**リスト4**）。HTTPクライアントは`@RestClient`アノテーションで修飾すると、CDIからインジェクション

できます。

リスト4ではHTTPクライアントの非同期処理用のメソッドを呼び出し、**CompletionStage**の合成用のメソッドを使用して、外部APIから取得した**Greeting**オブジェクトに自分自身の

Greetingオブジェクトを追加して戻り値にしています。

最後に、このHTTPクライアントのURLを設定ファイルに追加します（**リスト5**）。**application. properties**にRest Clientの設定を追加しま

リスト3 HTTPクライアントのインターフェースを追加

```java
import java.util.concurrent.CompletionStage;

import javax.ws.rs.GET;
import javax.ws.rs.Path;
import javax.ws.rs.Produces;
import javax.ws.rs.core.MediaType;

import org.eclipse.microprofile.rest.client.inject.RegisterRestClient;

/**
 * RestClient, set url in application.properties
 */
@Path("/greeting")
@RegisterRestClient
public interface GreetingClient {

    @GET
    @Produces(MediaType.APPLICATION_JSON)
    Greeting fetchGreeting();

    @GET
    @Produces(MediaType.APPLICATION_JSON)
    CompletionStage<Greeting> fetchGreetingAsync();
}
```

リスト4 JAX-RS エンドポイントを作成

```java
import java.util.Arrays;
import java.util.concurrent.CompletionStage;

import javax.inject.Inject;
import javax.ws.rs.GET;
import javax.ws.rs.Path;
import javax.ws.rs.Produces;
import javax.ws.rs.core.MediaType;

import org.eclipse.microprofile.rest.client.inject.RestClient;

@Path("/greetings")
public class GreetingsResources {
    //HTTPクライアントをインジェクション
    @Inject
    @RestClient
    GreetingClient client;

    @GET
    @Produces(MediaType.APPLICATION_JSON)
    public CompletionStage<Greetings> collectGreeting() {
        Greeting my = new Greeting("quarkus", "this is quarkus service");
        // CompletionStage を合成して戻り値の編集を行う。
        return client.fetchGreetingAsync()
                .thenApply(other -> new Greetings(Arrays.asList(other, my)));
    }
}
```

す。HTTPクライアントの完全クラス名およびメソッド名に対し、**url**で接続先を、**scope**でRest ClientのCDIのライフサイクル^{注6}を設定します。

■分散トレーシングを設定

Micronautと同様に、Quarkusでもライブラリと設定の追加のみで分散トレーシングができます。ただし、現時点では対応している分散トレーシングのサーバはOpenTracing経由のJaegerのみです。コマンドによりOpenTracingのExtensionsを追加します（**図5**）。

このことによって、OpenTracingとJaegerのライブラリが追加されますので、続いて設定ファイルにJaegerの接続先を記述します（**リスト6**）。

すると、アプリケーションへのリクエストとHTTPクライアントの両方が分散トレーシングに対応します。

注6）ライフサイクルはCDIで管理するオブジェクトの生成と破棄タイミングを指定するもので、**javax.inject.Singleton**はアプリケーションでインスタンスを1つしか作成しません。

ヘルスチェック、メトリクスを追加

Quarkusでもヘルスチェックやメトリクスといったアプリケーション自身が状態を公開するための仕組みを備えています。これらの仕組みもMicroProfile HealthやMicroProfile MetricsといったMicroProfileの実装によって提供されます。これまでと同様に、**health**、**metrics**のExtensionsを追加します（**図6**）。

これだけで、組込みのヘルスチェックとメトリクスが有効になります。

さらに、これまでと同様に自作のメトリクスを追加してみましょう。MicroProfle Metricsではメトリクス用アノテーションとCDIを使用してメトリクス用のオブジェクトを取得したり、クラスやメソッドにメトリクス用アノテーションを付与してメソッドの実行に合わせて自動的にメトリクスを編集できます。ここでは、後者の方法でメソッドの実行ごとにカウントアップを行ってみます。

リスト5 HTTPクライアントのURLを設定ファイルに追加

```
# Rest Client, connect to Helidon-MP Application
minjava.frameworks.quarkus.GreetingClient/mp-rest/url=http://localhost:8081
minjava.frameworks.quarkus.GreetingClient/mp-rest/scope=javax.inject.Singleton
```

図5 OpenTracingのExtensionsを追加

```
./mvnw quarkus:add-extension -Dextension=smallrye-opentracing
```

リスト6 Jaegerの接続先を記述

```
# tracing
quarkus.jaeger.service-name=quarkus-sample
quarkus.jaeger.sampler-type=const
quarkus.jaeger.sampler-param=1
quarkus.jaeger.endpoint=http://localhost:14268/api/traces
```

図6 health、metricsのExtensionsを追加

```
./mvnw quarkus:add-extension -Dextension=metrics
./mvnw quarkus:add-extension -Dextension=health
```

最初に作成した**/greeting**エンドポイントの呼び出しに、カウンターメトリクスを追加したものは**リスト7**のようになります。メソッドにアノテーションを追加しただけで、ほかは変更ありません。

では、実行してみます。最初は**/health**エンドポイントです（**図7**）。アプリケーションの稼働状態が取得できました。

続いて、**/metrics**エンドポイントです（**図8**）。Helidon同様、**accept**ヘッダを指定しない場合は、Prometheus用の結果が得られます。また、自作メトリクスについて、名前のほかにメトリクス用アノテーションを付与したクラス名まで付与されていることがわかります。

JSON形式を指定した場合も、

Helidonと同様にMicroProfile Metrics形式のJSONフォーマットのメトリクスを得られます（**図9**）。

以上が、基本的なアプリケーションの作成となります。

リスト7　/greeting エンドポイントの呼び出しに、カウンターメトリクスを追加

```
import org.eclipse.microprofile.metrics.annotation.Counted;

@Path("/greeting")
public class GreetingResources {
    @GET
    @Produces(MediaType.APPLICATION_JSON)
    //メソッド実行ごとにcall_greetingカウンターをカウントアップ
    @Counted(name = "call_greeting")
    public Greeting greet() {
        return new Greeting("quarkus", "this is Quarkus sample");
    }
}
```

図7　/health エンドポイントにアクセス

```
curl http://localhost:8081/health | jq
{
    "status": "UP",
    "checks": []
}
```

図8　/metrics エンドポイントにアクセス

```
$ curl http://localhost:8081/metrics
（一部抜粋）
# TYPE application_minjava_frameworks_quarkus_GreetingResources_call_greeting_total counter
application_minjava_frameworks_quarkus_GreetingResources_call_greeting_total 4.0
# HELP base_jvm_uptime_seconds Displays the time from the start of the Java virtual machine in ↵
milliseconds.
# TYPE base_jvm_uptime_seconds gauge
base_jvm_uptime_seconds 144.731
```

図9　JSON形式を指定した場合

```
$ curl -H "accept:application/json"  http://localhost:8081/metrics

{
    "base": {
        "jvm.uptime": 439281,
        //一部割愛
    },
    "vendor": {//割愛
    },
    "application": {
        "minjava.frameworks.quarkus.GreetingResources.call_greeting": 4
    }
}
```

GraalVM Native Imageで実行可能バイナリを生成

最後に、GraalVM Native Imageを使用してQuarkusアプリケーションを実行可能バイナリにビルドしてみましょう。

まず、GraalVMおよび**native-image**コマンドをインストールして環境変数を設定します。GraalVMのサイト[注7]からインストールするか、SDKMAN!などのパッケージマネージャからインストールします。なお、執筆時点ではGraalVMはLinuxおよびMac OSのみが提供されています。Windowsで試す場合は、後述するDockerイメージによるビルドを参照してください。インストール後、環境変数JAVA_HOMEおよび環境変数GRAALVM_HOMEにGraalVMのインストールパスを設定します。GraalVMをインストールしただけでは、**native-image**コマンドは含まれていません。GraalVMの機能追加コマンドを実行して追加します。

```
gu install native-image
```

ここまで準備しておけば、QuarkusでのNative Imageのビルドは簡単です。なお、今回使用したGraalVMのバージョンは19.2.1で、Quarkus1.0.1.Finalがサポートしているものになります[注8]。サポートしていないGraalVMのバージョンでは、正しく動作しない場合があります。

注7) https://www.graalvm.org/docs/getting-started/
注8) Java 11にも対応したGraalVM 19.3への対応はQuarkusの次期リリース以降を予定しています。

■ローカルマシンで実行可能バイナリを生成

Quarkusで通常のJarファイルを作成してJVM上でアプリケーションを起動するJVM版のビルドを行うにはMavenの**package**ゴールを使用します。

```
./mvnw clean package
```

これに対し、Native Imageでビルドするには次のようにnativeというプロファイルを指定するだけです。

```
./mvnw clean package -Pnative
```

これで通常のpackageで作成したJARファイルに対して**native-image**コマンドを適切なオプションを設定の上、実行し、実行可能バイナリの生成を行ってくれます。

バイナリの生成には時間がかかります。筆者の環境では130秒の時間をかけてバイナリが生成されました。では、起動してみましょう。

まずは、JVM版のJARファイルを起動してみます。図10では、972ミリ秒で起動したことを示すログが表示されました。ビルド時の最適化の恩恵により、1秒前後での起動速度を達成しています。これでも十分速いのですが、実行可能バイナリで実行してみます。図11では、22ミリ秒でアプリケーションが起動したと表示されました。実際、コマンド実行をした瞬間にログが出てきますので、JVMビルドよりも圧倒的に速いことが体

図10 JARファイルをJVMで起動

```
$java -jar target/quarkus-sample-1.0-SNAPSHOT-runner.jar
INFO  [io.quarkus] (main) quarkus-sample 1.0-SNAPSHOT (running on Quarkus 1.0.1.Final) started in ↵
0.972s. Listening on: http://0.0.0.0:8081
```

図11　実行可能バイナリで実行

```
$ ./target/quarkus-sample-1.0-SNAPSHOT-runner
INFO  [io.quarkus] (main) quarkus-sample 1.0-SNAPSHOT (running on Quarkus 1.0.1.Final) started in ↵
0.022s. Listening on: http://0.0.0.0:8081
```

感でもわかります（**図12**）。もちろんア
プリケーションは正常稼働しています。

　起動速度を高速化するための最後
の壁であるJVMの起動をGraalVM
Native Imageによって克服する例を
紹介しました。ただし、ビルドにかか
る時間が伸びることや、JITによる実
行時、最適化ができないことなどト
レードオフはありますので、GraalVM
Native Imageを採用するかは状況に
応じて検討したほうがいいでしょう。

■Dockerイメージで GraalVM Native Imageを使用

　Linuxの実行可能バイナリをビルドしたい場
合に有用なのが、GraalVMのDockerイメージに
よるビルドです。Quarkusでは、**図13**のように
Dockerビルドオプションを使用することで、自動
的にDockerコンテナ上でビルドができます。

　この場合、Dockerイメージ内のGraalVMで実
行可能バイナリがビルドされ、その結果はローカ
ルマシンのtargetディレクトリに出力されます。
Quarkusはこのバイナリを実行するための
Dockerfile.nativeを提供していますので、こ
のバイナリを再度Dockerイメージにパッケージ
することで、Dockerコンテナとしてバイナリを実
行できます（**図14**）。

図12　エンドポイントにアクセス

```
$ curl http://localhost:8081/greeting
{"message":"this is Quarkus sample","name":"quarkus"}
```

図13　Dockerビルドオプションを使用

```
mvn package -Pnative -Dquarkus.native.container-build=true
```

図14　Dockerコンテナとしてバイナリを実行

```
#Linux用バイナリをDockerイメージとしてビルド
$ docker build -t qurkussample -f Dockerfile.native .
# Dockerイメージを実行
$ docker run -p 8081:8081 qurkussample
```

Native Imageに対するテスト

　GraalVM Native Imageはまだ発展中の技術
ですし、OSに依存した機能を使用するので、
JVMよりも不安定な部分や制約はまだ多くあり
ます。実際、私は暗号化ライブラリ（javax.crypt）
を使った処理を**native-image**でバイナリ化し
たあとに、一部の暗号化方式がOSのライブラリ
が足りてないために動かないといったトラブル
に遭遇したことがあります。Quarkusでは、その
ような事態に早く気づけるように**native-image**
で作ったアプリケーションに対するテスト自動化
ができます。

　まずは、普通のエンドポイントにアクセスして結
果を取得するテストを描いてみます（**リスト8**）。

　@NativeImageTestを付与したテストクラス
はQuarkusアプリケーションをJVMで起動でき
ます。**リスト8**のテストは、そのアプリケーション
に対して**/greeting**エンドポイントにアクセスし

所定のJSONが返ってくるか検証しています。

このテストを継承し、次のようなテストクラスを作成します（**リスト9**）。Integration Testの場合のみ、テストを実行するのでテストクラス名の最後はITにする必要があります。

これでMavenの**verify**や**package**ゴールを**native**プロファイルで実行すると、自動的に**native-image**によるバイナリ生成と、そのバイナリを使用したテストが実施されます。

```
./mvnw verify -Pnative
```

すると、**native-image**で作ったバイナリに問題がないか早期に確認できます。以上、Quarkusの一歩進んだGraalVM Native Imageサポートについて解説しました。

リスト8 エンドポイントにアクセスするテスト

```
import io.quarkus.test.junit.QuarkusTest;
import org.junit.jupiter.api.Test;

import static io.restassured.RestAssured.
given;
import static org.hamcrest.CoreMatchers.is;

@QuarkusTest
public class GreetingsResourceTest {

    @Test
    public void testGreetingEndpoint() {
        given()
            .when().get("/greeting")
            .then()
            .statusCode(200)
            .body(is("{\"message\":\"this is
Quarkus sample\",\"name\":\"quarkus\"}"));
    }
}
```

リスト9 テストクラスを作成

```
import io.quarkus.test.junit.NativeImageTest;

@NativeImageTest
public class NativeGreetingResourcesIT
extends GreetingResourcesTest {
    // テスト内容は継承元クラスから引き継ぐ
}
```

まとめ

クラウドとDocker、GraalVM Native Imageに最適化した高速フレームワークQuarkusについて紹介しました。起動の高速化やホットデプロイといった特徴もあるので、通常のWebアプリケーションを作る場合でも役に立つでしょう。高速起動ができるMicroProfile準拠のフレームワークということで様々な用途で使えると思います。JVM上で実行する場合でも十分に速いので、GraalVM Native Imageを使わない場合でも検討に値します。バージョン1.0が出たばかりでまだ採用事例は少ないようですが、注目度は高く、色々な媒体でQuarkusに関する記事や発表を目にしました。

興味深い特徴を持ったフレームワークであり、これからExtensionsで必要な機能がサポートされるかは注目しておくべきでしょう。ExtensionsでサポートされているライブラリはRed Hat社やRed Hat社と関連があるものの割合が高めです。これはExtensionsでGraalVMのサポートをする関係上、サポートするライブラリに関する知識が多く必要となるからだろうと思われます。Extensionsを自分で書くことも可能[注9]ですが、Extensionsでできることが多い分、少々難易度が高いように感じました。とはいえ、バージョン1.0から徐々にExtensionsも増えてきていますし、今後ますます発展していくだろうと思われます。

注9）https://quarkus.io/guides/writing-extensions

6-4

Oracleによる軽量・シンプルな フレームワークHelidon

本節では、Oracle社が提供する軽量でシンプルなフレームワークHelidon[注1]について解説します。

Helidonの概観

2018年9月にOracle社が発表した**Helidon**は、マイクロサービスアーキテクチャで開発をするためにゼロベースで設計された軽量なフレームワークです。Webサーバの基盤として、これまでと同様にNettyを使用し、そのうえにWebアプリケーションを構築するために、Helidon SEとHelidon MPという2つのプログラミングスタイルを提供していることが特徴です。6-1で解説した軽量であることや設定のためのAPI、ヘルスチェック、メトリクス、非同期処理などの機能を最初から備えています。また依存ライブラリが非常に少なく軽量であり、モジュールシステムへの対応もされているので、jlinkを使用してアプリケーション全体のサイズを削減することもできます。

Helidon SEは、設定の多くをプログラムコードで表現していくシンプルな方法でアプリケーションを作っていきます。設定ファイル以外はアノテーションを使ったりはせず、Helidon SEで提供しているAPIを呼び出すことで、フレームワークの機能を使います。

Helidon MPは、MicroProfileのAPIに従って

アプリケーションを作っていきます。したがって、JAX-RS、CDIなどのAPIやアノテーションを使って、フレームワークの機能を使います。

Helidon SEとHelidon MPの2つスタイルがあることに戸惑ったり、両者にどのような違いがあるのかについて気になるかもしれません。実際に、Helidon SEとHelidon MPのそれぞれが提供している機能とバージョンが記載されているページ[注2]を参照しても、ほとんど機能に差異はみられません。それは、Helidon MPのMicroProfile実装は、Helidon SEをベースに作られているためです。Webアプリケーションの土台となる部分は同じで、アプリケーションのプログラムの方法は異なると思えばいいでしょう。MicroProfileは、ParayaやOpen LibertyといったJava EE/Jakarta EE実装を提供するWebアプリケーションサーバで提供されることがほとんどです。

一方で、Helidon MPはQuarkusと同様にWebアプリケーションサーバを必要とせず、NettyとHelidon SEおよび、MicroProfileの各仕様の参照実装のみで実装されています。そのため、スタンドアローンで動作し、Webアプリケーションサーバを必要としません。よって、シンプルに導入可能なものと考えていいかもしれません。

注1) https://helidon.io

注2) https://github.com/oracle/helidon/wiki/Supported-APIs

ほかに、MicroProfileにないgRPCの試験的なサポートもあります[注3]。また執筆時のバージョンではどちらか片方にしかない機能もあります。たとえば、GraalVM Native ImageがサポートされるのはHelidon SEだけですし、DIのサポートやデータベース接続などの拡張機能はHelidon MPのみです。こういった機能の差異もバージョンアップによって改善されていくでしょう。

Helidon SE

それでは前節で作成したものと同様の機能をHelidon SEで作成していきましょう。

Helidon SEでHello World

Helidon SEのひな形プロジェクトは、Mavenの**archetype**を指定して作ります（**図1**）。

図1のように、**helidon-quickstart-se**というarchetypeを指定して実行すると、helidon-se-sampleディレクトリにソースコード一式が生成されます。`minjava.frameworks.helidon.se.Main`というクラスの**main**メソッドを実行すると、アプリケーションが起動します。そのまま実行しても良いのですが、最小の構成で`Hello World`を表示してみましょう。最小の構成は、**リスト1**のようになります。

IDEを使っているなら、直接**main**メソッドを起動できますし、JARファイルをビルドするなら、**図2**のようにビルドして実行できます。

リスト1では、WebServerのインスタンスを**Configuration**と**Routing**という2つの値を設定して生成し、サーバを開始しています。

注3）https://helidon.io/docs/latest/#/grpc/01_introduction

ServerConfigurationはアプリケーション全体の設定を示すもので、ポート8082を固定で設定しています。**Routing**はWebアプリケーションのエンドポイントを定義するもので、HTTPのGETに対応する**get**メソッドで**/hello**というパスを設定しています。**get**メソッドの第2引数は、HTTPリクエストとHTTPレスポンスに相当するServerRequestとServerResponseを引数に受け取るラムダ式です。ここでは、ServerResponseの**send**メソッドに`Hello World`を書き込んでいます。

アプリケーションを起動すると、1秒程度の時間で起動が完了します。定義した**/hello**にアクセスしてみます。

図1　Mavenのarchetypeを指定

```
mvn archetype:generate -DinteractiveMode=false ¥
    -DarchetypeGroupId=io.helidon.archetypes ¥
    -DarchetypeArtifactId=helidon-quickstart-se ¥
    -DarchetypeVersion=1.4.0 ¥
    -DgroupId=minjava.frameworks ¥
    -DartifactId=helidon-se-sample ¥
    -Dpackage=minjava.frameworks.helidon.se
```

リスト1　最小の構成でHello Worldを表示

```
package minjava.frameworks.helidon.se;

import io.helidon.webserver.Routing;
import io.helidon.webserver.WebServer;

public final class Main {
    public static void main(final String[] args) {
        WebServer.create(
                ServerConfiguration.builder().port(8082),
                Routing.builder()
                    .get("/hello", (req, res)
                            -> res.send("Hello World!"))
                    .build())
                .start();
    }
}
```

図2　JARファイルをビルド

```
mvn clean package
java -jar target/helidon-se-sample.jar
```

```
$ curl http://localhost:8082/hello
Hello World!
```

とくに難しい要素もなく、シンプルで直感的に Webアプリケーションのエンドポイント定義ができました。Webアプリケーションの設定をファイルやアノテーションではなく、プログラムで行うということも伝わったと思います。

では、ここにいろいろな機能を足していきます。

JSONを扱う

Web APIを提供する場合にデータの入出力を JSONで行うのは、現在では普通のことです。JSONを扱う手段としてHelidon SEでは、JSON 構造をAPIで組み立てるJSON-P、Javaのオブジェクトをマッピングする JSON-Bおよび

びJacksonに対応しています。ここではJackson を使用して、HTTP Responseに書き込んだ Javaオブジェクトを JSONに変換します。

まずは、「pom.xml」に、Jacksonモジュールを設定します（**リスト2**）。

次に、これまでと同様に、**/greeting**エンドポイントを作成し、JSONを返すようにしてみます。まず、リクエストを受け取って、JSONに対応する Greetingオブジェクトを返却するクラスを定義します（**リスト3**）。**Routing**のラムダ式にいろいろと書くと、見づらくなるため責務を分割します。

そして**Routing**を作成する際に、Jackson サポートの登録を行ったうえで上記のクラスの呼び出しをエンドポイントに設定します（**リスト4**）。

これで、レスポンスの**send**メソッドに渡された

リスト2　Jacksonモジュールを設定

```
<!-- jackson support-->
<!-- for server -->
<dependency>
    <groupId>io.helidon.media.jackson</groupId>
    <artifactId>helidon-media-jackson-server</artifactId>
</dependency>
<!-- for client -->
<dependency>
    <groupId>org.glassfish.jersey.media</groupId>
    <artifactId>jersey-media-json-jackson</artifactId>
</dependency>
```

リスト3　オブジェクトを返却する処理を行うクラスを定義

```
public class GreetingResource {

    public Greeting greet() {
        return new Greeting("helidon-se", "this is helidon SE service");
    }
}
```

リスト4　Jacksonサポートの追加

```
private static Routing createRouting() {

    GreetingResource resource = new GreetingResource();
    return Routing.builder()
            // Jasckonサポートの追加
            .register(JacksonSupport.create())
            .get("/greeting",
                (req, res) -> res.send(resource.greet()))
            .build();
}
```

オブジェクトはJackson経由でJSONになります。さっそく試してみましょう（**図3**）。JSONに対応できます。

設定を扱う

先ほどのサンプルではWebサーバのポートをプログラム上で固定しましたが、設定ファイルから読み込むほうが柔軟に管理できます。

Helidon SEは、properties、YAML、HOCONなど複数の形式のファイルに対応しているほか、環境変数、システムプロパティからの読み取り、追記機能によるGitリポジトリやetcdのようなリモートからの取得もできます。また各取得元に合わせた設定の取得もHelidonが行うのでどのような設定を用いても、**io.helidon.config. Config**という共通のAPIで設定を取得できるようになります。

では、YAMLでの定義を見てみましょう。デフォルトではクラスパス上の「application.yaml」を読み込みます。

```
#application.yaml
server:
    port: 8082
```

プログラムで設定を読み込むには、**リスト5**のようにします。

そして、**Config.create()**で「application. yaml」を読み込みます。**図3**を見ると、**server** というセクションを指定して複数の設定を丸ごと取得したり、**config.get("server.port")**のようにして単一の設定を取得したりしていることがわかります。

■HTTPクライアントを作成

続いて、このアプリケーションから別のアプリケーションのHTTPエンドポイントを呼び出すコードを作成します。「application.yaml」にHTTPクライアントが呼び出すエンドポイントを定義します（**図4**）。このようにすることで、接続

図3 JSONに対応

```
$ curl http://localhost:8082/greeting
{"name":"helidon-se","message":"this is helidon SE service"}
```

リスト5 設定を読み込む

```
import io.helidon.config.Config;

    void startServer() throws IOException {

        // application.yamlを読み込む
        Config config = Config.create();

        // 設定ファイル中の "server" section を読み込み、WebServerを起動する。
        ServerConfiguration serverConfig =
                ServerConfiguration.builder()
                        .config(config.get("server"))
                        .build();
        WebServer server = WebServer.create(serverConfig, createRouting(config));
        server.start();
        // config#getで設定の取得もできる
        System.out.println("server start at " + config.get("server.port").asInt());
    }
```

先が**Config**クラスから取得できるようになるほか、環境変数などを使用しての接続先の変更も容易になります。

　Helidon SEにおいて、HTTPクライアントはJAX-RSの**Client**を直接利用します（**リスト6**）。そして、先ほど作成した**GreetingResource**クラスに、ConfigとJAX-RSクライアントをフィールドとして持たせるようにします。**Greeting Resource**クラスには新しいメソッドを追加し、

/greetingsというエンドポイントを割り当てます。**リスト7**に、変更が行われた**Greeting Resource**の抜粋を示します。

　ここでは、JAX-RSクライアントに**Config**から取得した接続先（別のアプリケーションの

図4　エンドポイントを定義

```
# application.yaml
app:
  sample:
    # MicronautアプリケーションのURL
    next: http://localhost:8083/greetings
```

リスト6　/greetingsエンドポイントの追加

```java
import javax.ws.rs.client.Client;
import javax.ws.rs.client.ClientBuilder;

///

        Config config = Config.create();
        // RAX-RSクライアントの作成、Jacksonを使用してJSONを扱えるようにする
        Client client = ClientBuilder.newClient().register(JacksonFeature.withExceptionMappers());
        // Confing, Clientを設定
        GreetingResource resource = new GreetingResource(config, client);

        return Routing.builder()
                    .register(JacksonSupport.create())
                    .get("/greeting", (req, res) -> res.send(resource.greet()))
                    // 外部APIを呼び出すエンドポイントを追加
                    .get("/greetings", (req, res) -> res.send(resource.collectGreetings()))
                    .build();
```

リスト7　HTTPクライアントの呼び出し

```java
public class GreetingResource {
    private final String nextEndpoint;
    private final Client client;

    GreetingResource(Config config, Client client) {
        // config から接続先URLを取得
        this.nextEndpoint = config.get("app.sample.next").asString().get();
        this.client = client;
    }

    public Greeting greet() {
        return new Greeting("helidon-se", "this is helidon SE service");
    }

    public Greetings collectGreetings() {
        // 外部APIを呼び出し、Greetingsオブジェクトを取得
        Greetings other = client.target(nextEndpoint)
                                .request()
                                .buildGet()
                                .invoke(Greetings.class);
        // 外部APIの結果に、自身のGreetingオブジェクトを追加して返す
        return other.add(greet());
    }
}
```

/greetingsエンドポイント）を呼び出し、その結果をJSONからGreetingsオブジェクトに変換します。そして、その値に、自身のアプリケーションのGreetingオブジェクトを追加しています。このようにして、Helidon SEでは外部APIを呼び出します。

■分散トレーシングを設定

分散トレーシングを導入して、HelidonへのリクエストやHTTPクライアントの呼び出しを記録できるようにしてみます。Helidonが現在対応しているのはOpenTracingです。OpenTracing経由ではZipkinとJaegerに接続可能ですが、ほかと同様にJaeger向けの設定を行います。まず

は、分散トレーシングライブラリの設定です（リスト8）。

次に、設定ファイル「application.yaml」のtracingセクションに、Jaegerサーバの設定を追加します（リスト9）。そして、ServerConfigurationを作る際に、tracingを設定の内容で有効にするようにします（リスト10）。

これでアプリケーションを起動すると各エンドポイントを呼び出したときや、さらに別のAPIをエンドポイントからJAX-RSクライアントで呼び出したときに、Traceの情報が引き継がれてJaegerに記録されます。実際に、どのようなTraceが記録されているかは前節のJaegerの画像イメージを参照してみてください。

リスト8　分散トレーシングライブラリの設定

```xml
<dependency>
    <groupId>io.helidon.tracing</groupId>
    <artifactId>helidon-tracing</artifactId>
</dependency>
<dependency>
    <groupId>io.helidon.tracing</groupId>
    <artifactId>helidon-tracing-jaeger</artifactId>
</dependency>
<!-- HTTPクライアント用 -->
<dependency>
    <groupId>io.helidon.tracing</groupId>
    <artifactId>helidon-tracing-jersey-client</artifactId>
</dependency>
```

リスト9　Jaegerサーバの設定を追加

```yaml
tracing:
  service: "helidon-se-sample"
  protocol: "http"
  host: "127.0.0.1"
  port: 14268
  path: "/api/traces"
```

リスト10　tracingを設定の内容で有効にする

```java
        ServerConfiguration serverConfig =
                ServerConfiguration.builder()
                        .config(config.get("server"))
                        //tracing設定の有効化
                        .tracer(TracerBuilder.create(config.get("tracing")))
                        .build();
        WebServer server = WebServer.create(serverConfig, createRouting(config));
```

上記の内容は必要最低限の内容でしたが、ほぼ設定のみで分散トレーシングができました。細かい設定や独自のTraceやSpanを設定する場合はHelidonのドキュメント[注4]を参照してください。

■ヘルスチェック、メトリクスを追加

最後に、ヘルスチェックとメトリクスの公開機能を追加します。Helidonでは、MicroProfile MetricsおよびPrometheusの形式でメトリクスを公開できます。また、標準でリソース使用量などのメトリクスが出るようになりますが、自分でメトリクスを定義することもできます。今回は、どちらも行ってみましょう。

注4）https://helidon.io/docs/latest/#/tracing/01_tracing

まずはライブラリの追加と設定です（**リスト11**）。ヘルスチェック、メトリクスの依存性を追加したあと、起動時の設定でヘルスチェックとメトリクスのエンドポイントをRoutingに追加します（**リスト12**）。

これだけで、組込みのヘルスチェック、メトリクスが取得できますが、前述した**/greeting**エンドポイントの呼び出し回数を自作のメトリクスで公開できるようにしてみましょう。自作メトリクスは、**MetricRegistry**オブジェクトにメトリクスの種類と名前を登録して使用します。メトリクスの種類は、増分のみの**Counter**、増減する値を扱う**Gauge**、分布を示す**Histogram**などがありますが、一番単純な**Counter**を紹介します。

リスト11　ライブラリの追加と設定

```
<dependency>
    <groupId>io.helidon.health</groupId>
    <artifactId>helidon-health</artifactId>
</dependency>
<dependency>
    <groupId>io.helidon.health</groupId>
    <artifactId>helidon-health-checks</artifactId>
</dependency>
<dependency>
    <groupId>io.helidon.metrics</groupId>
    <artifactId>helidon-metrics</artifactId>
</dependency>
```

リスト12　ヘルスチェックとメトリクスのエンドポイントをRoutingに追加

```
import io.helidon.health.checks.HealthChecks;
import io.helidon.metrics.MetricsSupport;


  private static Routing createRouting(Config config) {

      // メトリクスエンドポイント
      MetricsSupport metrics = MetricsSupport.create();
      // ヘルスチェックエンドポイント
      HealthSupport health = HealthSupport.builder()
              .addLiveness(HealthChecks.healthChecks())    // Adds a convenient set of checks
              .build();

      return Routing.builder()
                  .register(health) // /health endpoint
                  .register(metrics) // /metrics endpoint
                  .build();

  }
```

Counterオブジェクトを取得し、**greet**メソッド実行の都度カウントを増やしています（**リスト13**）。

では、動かしてみましょう。ヘルスチェックを有効にしているので**/health**エンドポイントが使用できます（**図5**）。

アプリケーションの稼働状態などが取得できるので、外部から死活監視が可能になります。

続いて、メトリクスを**/metrics**エンドポイントで取得します。なお、大量のメトリクスがあるので、抜粋したサンプルを示します（**図6**）。

CotentTypeを指定しない場合は、Prometheusが解釈可能なテキスト形式で出力されます。Helidonで標準提供されているメトリクスに加え、自身で追加した**call_greeting**のカウンターも一緒に出力されていることがわかります。JSON形式を指定すると、JSONでもメトリクスを取得できます（**図7**）。

Helidon SEの説明は以上です。これまでのサ

図5 /healthエンドポイントを使用して実行

```
$ curl http://localhost:8082/health | jq
{
  "outcome": "UP",
  "status": "UP",
  "checks": [
    {
      "name": "deadlock",
      "state": "UP",
      "status": "UP"
    },
    {
      "name": "diskSpace",
      "state": "UP",
      "status": "UP",
      "data": {
        "free": "82.80 GB",
        "freeBytes": 88905973760,
        "percentFree": "35.47%",
        "total": "233.47 GB",
        "totalBytes": 250685575168
      }
    },
    {
      "name": "heapMemory",
      "state": "UP",
      "status": "UP",
      "data": {
        "free": "240.28 MB",
        "freeBytes": 251948824,
        "max": "4.00 GB",
        "maxBytes": 4294967296,
        "percentFree": "99.62%",
        "total": "256.00 MB",
        "totalBytes": 268435456
      }
    }
  ]
}
```

リスト13 MetricRegistryオブジェクトにCounterを登録して呼び出し回数を公開

```java
import org.eclipse.microprofile.metrics.Counter;
import org.eclipse.microprofile.metrics.MetricRegistry;

import io.helidon.config.Config;
import io.helidon.metrics.RegistryFactory;

public class GreetingResource {
    // メトリクス Counter
    private final Counter counter;

    GreetingResource(Config config, Client client) {
        // Application用のMetricRegistryを取得
        RegistryFactory metricsRegistry = RegistryFactory.getInstance();
        MetricRegistry appRegistry = metricsRegistry.getRegistry(MetricRegistry.Type.APPLICATION);
        // call_greeting という名前でcounterを使用する。
        counter = appRegistry.counter("call_greeting");
    }

    public Greeting greet() {
        // Counterの値を増加
        counter.inc();
        return new Greeting("helidon-se", "this is helidon SE service");
    }
}
```

図6　メトリクスを/metricsエンドポイントで取得

```
curl http://localhost:8082/metrics
（一部割愛）
# TYPE base:jvm_uptime_seconds gauge
# HELP base:jvm_uptime_seconds Displays the start time of the Java virtual machine in milliseconds.
This attribute displays the approximate time when the Java virtual machine started.
base:jvm_uptime_seconds 391.512
# TYPE application:call_greeting counter
# HELP application:call_greeting
application:call_greeting 3
```

ンプルコードをビルドしたところ、起動時間はお
およそ1200ミリ秒程度でした。サイズ、起動時間
ともに軽量なフレームワークと言えるでしょう。

Helidon MP

Helidon MPは、Helidon SEをベースに
MicroProfile実装を提供します。Helidon SEで
はプログラムで設定を行いアプリケーションを
作成しましたが、Helidon MPではJAX-RSや
CDIなどのフレームワークを使って、設定の多く
をアノテーションで行うようになります。Helidon
SEとの最大の違いはCDIが使用できることで
しょう。Helidon MPでは、CDIの実装は参照実
装であるWeld[注5]を使っています。他にも、JAX-
RSの実装としても参照実装のJersey[注6]を使うな
どスタンダードな構成となっています。

前述のHelidon SEのサンプルコードで登場し
た**GreetingResource**オブジェクトには、Config
やAPIクライアントを設定してオブジェクト生成を
行うコードを自分で書く必要がありました。依存
するオブジェクトが増えたり、プログラム数が増
えると、こういったコードを書くのは煩雑になっ
てきます。CDIを使うと、クラス間の依存関係の

図7　JSON形式を指定して、メトリクスを取得

```
$ curl http://localhost:8082/metrics -H
"Accept: application/json" | jq
（一部割愛）
{
  "base": {
    "jvm.uptime": 805313,
    "memory.committedHeap": 268435456,
    "memory.maxHeap": 4294967296,
    "memory.usedHeap": 20135584,
  },
  "application": {
    "call_greeting": 3
  },
  "vendor": {
  }
}
```

解決やオブジェクトの生成などをCDIに任せる
ことができるので、規模の大きいアプリケーショ
ンでは有用です。さらには、CDIの拡張機能であ
るCDI Portable Extensionsを用いてデータ
ベースやRedisと連携したり、トランザクションを
扱うことができます。データベースを使用するア
プリケーションの場合、Helidon MPを検討した
ほうが良いでしょう。

一方で、CDIを使用するので、ライブラリのサ
イズが増えるほか、CDIの初期化処理により起動
時間が伸びます。今回のアプリケーションでは起
動時間は3600ミリ秒程度になりました。これでも
従来のフレームワークと比較してけっして遅くは
ないですが、Helidon SEよりも起動時間がかか
ることは注意が必要です。MicroProfileの紹介は
本誌の別の章やQuarkusの節でも説明がありま

注5）　https://weld.cdi-spec.org/
注6）　https://eclipse-ee4j.github.io/jersey/

図8 Helidon MPの作成

```
mvn archetype:generate -DinteractiveMode=false ¥
    -DarchetypeGroupId=io.helidon.archetypes ¥
    -DarchetypeArtifactId=helidon-quickstart-mp ¥
    -DarchetypeVersion=1.4.0 ¥
    -DgroupId=minjava.frameworks ¥
    -DartifactId=helidon-mp-sample ¥
    -Dpackage=minjava.frameworks.helidon.mp
```

リスト14 /greetingエンドポイントの作成

```
import javax.enterprise.context.
ApplicationScoped;
import javax.ws.rs.GET;
import javax.ws.rs.Path;
import javax.ws.rs.Produces;
import javax.ws.rs.core.MediaType;

// パスの指定
@Path("/greeting")
@ApplicationScoped
public class GreetingResource {
    // GET /greeting
    @GET
    @Produces(MediaType.APPLICATION_JSON)
    public Greeting greeting() {
        return new Greeting("helidon-mp",
"this is helidon MP Service");
    }
}
```

すので、ここではHelidon MP独自の機能として CDIによるデータベースを扱うアプリケーション を作成します。

Helidon MPの基本

　Helidon MPのアプリケーションは、Mavenで Helidon MPの**archetype**を指定して作ります （**図8**）。次に、Helidon SEでも作成した**/ greeting**エンドポイントを作成してみましょう （**リスト14**）。Helidon MPおよびJAX-RSではア ノテーションの設定で、エンドポイントやJSON への対応ができます。そして、Helidon SEと同 様に、Mainクラスを実行してアプリケーションを 起動します（**図9**）。問題なくJSONの結果を取得 できました。

図9 Mainクラスを実行して、アプリケーションを起動

```
$ curl http://localhost:8083/greeting
{"message":"this is helidon MP Service",
"name":"helidon-mp"}
```

■Helidon MPでデータベースを扱う

　続いて、**/greeting**で返す内容をデータベー スから取得するように変更してみましょう（**リス ト15**）。Helidon MPはCDIの拡張機能を提供し ていて[注7]、データベースのコネクションプールや JTAトランザクション、Redisなどに対応できま す。Hikari－CPの**DataSource**拡張とJTAトラ ンザクション拡張を依存性に追加します。設定 ファイルには、データベースの接続先を記述しま す（**リスト16**）。なお、今回は組込みデータベー スのH2を使用しています。また、設定ファイル の形式はHelidon SEと同様です。

　これで、DataSourceをインジェクションできる ようになります（**リスト17**）。DataSourceを使っ たコードを**GreetingService**というクラスに実 装します。**id**、**message**という項目を持つ **MESSAGE**というテーブルの**SELECT**と**UPDATE**を 行います。

　JTA拡張を使用しているので、**@Transac tional**アノテーションが使用でき、このクラスの メソッドは自動的にトランザクション内で動きま す。また、DataSouceオブジェクトを**@Inject**で インジェクションできます。

　そして、**GreetingResource**にこのクラスの呼 び出しを追加します（**リスト18**）。**Greeting Service**オブジェクトはコンストラクタで受け取 るようにしておけば、インジェクションができま す。また、設定ファイルの値についても、

注7） https://helidon.io/docs/latest/#/extensions/01_overview

リスト15　データベース、トランザクションを扱うライブラリを追加

```xml
<dependency>
    <groupId>io.helidon.integrations.cdi</groupId>
    <artifactId>helidon-integrations-cdi-datasource-hikaricp</artifactId>
</dependency>
<dependency>
    <groupId>io.helidon.integrations.cdi</groupId>
    <artifactId>helidon-integrations-cdi-jta-weld</artifactId>
    <scope>runtime</scope>
</dependency>
```

リスト16　データベースの接続先を記述

```yaml
# データベースのレコードのキー
greeting:
  id: 1
javax:
  sql:
    DataSource:
      default: #データソースの名前
        dataSourceClassName: org.h2.jdbcx.JdbcDataSource
        dataSource: #H2を使用し起動時に初期データをSQLから登録する
          url: "jdbc:h2:mem:test;DB_CLOSE_DELAY=-1;INIT=runscript from 'classpath:/db.sql'"
          user: sa
          password: ""
```

リスト17　DataSourceをインジェクション

```java
@ApplicationScoped
@Transactional
public class GreetingService {
    @Inject
    @Named("default") //設定ファイルに記述した"default"のデータソースをインジェクション
    private DataSource ds;
    /** ID指定の取得 */
    public String getMessage(int id) {
        try (Connection con = ds.getConnection();
            PreparedStatement ps = con.prepareStatement("SELECT message from MESSAGE where id = ?")){

            ps.setInt(1, id);
            ResultSet rs = ps.executeQuery();
            if (rs.next()) {
                return rs.getString("message");
            }
            throw new IllegalStateException(id + " not found");
        } catch (SQLException e) {
            throw new RuntimeException(e);
        }
    }
    /** ID指定の更新 */
    public void updateMessage(int id, String message) {
        try (Connection con = ds.getConnection();
            PreparedStatement ps = con.prepareStatement("UPDATE MESSAGE set message = ? where id = 🔢
?")){

            ps.setString(1, message);
            ps.setInt(2, id);
            ps.executeUpdate();
        } catch (SQLException e) {
            throw new RuntimeException(e);
        }
    }
}
```

@ConfigPropertyアノテーションを使うと同様にインジェクションできます。

アプリケーションを起動し、POSTでデータを更新し、GETで更新後のデータを取得します（図10）。

Helidon MPを使えば、データベースを使用したWebアプリケーションも簡単に作成できました。なお、サンプルコードには、ほかにもHelidon SEと同様に、ヘルスチェック、メトリクス、分散トレーシングの設定を行っています。詳細はサンプルコードを参照してください。

まとめ

コードですべてを書くHelidon SEと、軽量なMicroProfile実装のHelidon MPを紹介しました。Helidonの開発はバージョン1.0を迎えています。またOracle社内では多くの採用実績があるようですので、すでに実用の段階にあると言ってよいでしょう。以前はMicroProfileの最新バージョンへの追従が遅れていましたが、現在はMicroProfile 3.2に対応するなど対応速度が向

リスト18 GreetingResouceにクラスの呼び出しを追加

```
@Path("/greeting")
@ApplicationScoped
public class GreetingResource {

    private final GreetingService service;
    private final int greetingId;
    //オブジェクトと設定をインジェクション。設定はデータベースのレコードのid
    @Inject
    public GreetingResource(
            GreetingService service,
            @ConfigProperty(name = "greeting.id") int greetingId) {
        this.service = service;
        this.greetingId = greetingId;
    }
    // データベースから取得
    @GET
    @Produces(MediaType.APPLICATION_JSON)
    public Greeting greeting() {
        String message = service.getMessage(greetingId);
        return new Greeting("helidon-mp", message);
    }
    // データベースを更新
    @POST
    @Consumes(MediaType.APPLICATION_JSON)
    public void updateMessage(GreetUpdate body) {
        service.updateMessage(greetingId, body.getMessage());
    }
}
```

図10 更新後のデータを取得

```
$ curl hturl http://localhost:8083/greeting
{"message":"this is helidon MP Service","name":"helidon-mp"}

$ curl  -X POST http://localhost:8083/greeting -H "Content-Type:application/json" ¥
  -d '{"message":"update"}'

$ curl http://localhost:8083/greeting
{"message":"update","name":"helidon-mp"}
```

表1　本章で紹介したフレームワークのまとめ

フレームワーク	JARファイルのサイズ	起動時間
Micronaut（1.2.6）	16.2 MB	1740ミリ秒
Quarkus（1.0.1.Final）	13.5 MB	932ミリ秒
Quarkus native Image	43.5 MB[8]	22ミリ秒
Helidon SE（1.4.0）	10.9 MB	1230ミリ秒
Helidon MP（1.4.0）	24 MB	3610ミリ秒
（参考）Helidon MP（データベースなし）[9]	21.4 MB	3160ミリ秒
（参考）Spring Boot（2.2.0）[10]	30 MB	5000ミリ秒

上しており、MicroProfileを動かすためのフレームワークとしても遜色がないものになっています。

　Helidon SEの魅力は、シンプルさと起動の速さにあります。複数のサービスをAPIで協調していくと、API GatewayやBFF（Backends For Frontends）のような複数のAPIの仲介や集約、加工を行ったり、認証をしたりといった高度なプロキシのようなアプリケーションが必要になります。そのような場面では、軽量にコードですべてを記述できるHelidon SEが役に立ちます。プログラムの判定や繰り返しを使ってルーティングを動的に構築でき柔軟な設定ができるでしょう。

　Helidon MPは、データベースを用いる通常のWebアプリケーションを作る場合に選択肢となるでしょう。MicroProfileという標準仕様に従いつつも軽快に動作するWebフレームワークとして最適であり、従来であればWebアプリケーションサーバを必要としていたケースでその代替となりえます。一方でextensionで現在サポートされているのは、データベース、Redis、Oracle Cloudの一部機能となっていますので、今後の機能拡充が待たれるところです。ビルド時最適化などの技術を使っていませんので起動速度はどうしても、MicronautやQuarkusには劣ります。ですが、参照実装を使用したシンプルな実装な

ので、安定して使うことができるでしょう。

本章のまとめ

　最後に今回紹介したフレームワークと、参考情報としてSpring BootのビルドするJARファイルのサイズと起動時間を表1にまとめます。

　この結果から、どのフレームワークでも従来のフレームワークよりも軽量性や起動速度の改善に力を入れていることがわかります。

　クラウドやマイクロサービスの登場によってフレームワークに求められる機能も変わってきました。各フレームワークは実装の詳細は異なりますが、どれも軽量・高速のほかに、柔軟な設定、ヘルスチェックやメトリクスといった機能をフレームワークが持つべき機能として提供しています。その結果として、フレームワークが違っても、各アプリケーションの状態やメトリクスを一元的に集めて監視や分析可能になりました。何か1つでも興味を引く技術やフレームワークがあったら幸いです。ぜひ自分でも試してみてください。

注8）native-imageで作成された実行可能バイナリのサイズ。ほかのものはJARファイルのみのサイズでJVMは含まない。

注9）CDI portable extentsionsのHikariCP、JTA拡張およびH2を抜いた状態での測定

注10）今回作成したアプリケーションと同等の構成（Spring WebFlux、Spring Boot Actuator、Spring Boot Cloud Sleuth、micrometer prometheus registry）での測定

索引

記号・英字

@Transactional ································· 108
AdoptOpenJDK with HotSpot ··· 68, 73
AdoptOpenJDK with OpenJ9 ········· 70
Alibaba Dragonwell ····················· 70
Amazon Corretto ······················ 69, 73
AOTコンパイラ ···························· 42
AOTコンパイル ··························· 137
Applet ······································ 29
AWS Lambda ···························· 165
Azul Zing ·································· 70
Azul Zulu ······························ 66, 72
Bean Discovery Mode ·················· 107
Bean Manager ···························· 95
beans.xml ································ 107
BellSoft Liberica JDK ··············· 68, 73
Collection ································· 24
Compact String ··························· 23
CORBA ····································· 29
Dependency Injection (DI) ·········· 105
Docker ····················· 45, 150, 152, 176
EJB ·· 95
Fibers ····································· 11
Flight Recorder ··························· 47
Foreign Memory Access API ········· 26
GraalVM ··············· 9, 70, 126, 127
　　JavaScriptを実行 ················· 128
　　JITコンパイラ ·········· 41, 130, 144
　　Rubyをインストール ··········· 132
　　適用事例 ·························· 143
　　ネイティブイメージ (Native Image)
　　············ 135, 153, 156, 175, 176
　　ロードマップ ····················· 146
Helidon ································ 10, 178
Helidon MP ······························ 186
Helidon SE ······························· 179
HTTP Client API ························· 25
I/O ··· 25
IBM SDK Java Technology Edition··· 70
inlineクラス ··························· 34, 38
Jakarta Authentication··············· 100
Jakarta Authorization ················· 100
Jakarta Batch··························· 100
Jakarta Bean Validation ·············· 99
Jakarta Concurrency ·················· 101
Jakarta Connectors···················· 101
Jakarta Contexts and Dependency
　　Injection (CDI)········· 99, 106, 109
Jakarta Dependency Injection ······ 106

Jakarta EE 8 ···························· 98
Jakarta EE 9と10以降 ··············· 112
Jakarta EE Essentials Archetype··· 120
Jakarta Enterprise Beans ············ 100
Jakarta Messaging ···················· 100
Jakarta Persistence ··················· 100
Jakarta RESTful Web Services
　　··································· 99, 108
Jakarta Security ······················· 100
Jakarta Server Faces ··················· 98
Jakarta Server Pages ·················· 103
Jakarta XML Web Services ············ 99
Java 9から14までの変更点 ·········· 14
Java DB ··································· 50
Java EE/Jakarta EE ········· 9, 29, 84
　　アーキテクチャ ···················· 94
　　改訂の歴史 ························· 86
Java Flight Recorder (JFR) ··········· 47
Java Mission Control (JMC) ········· 47
Java Web Start ··························· 29
javadoc ···································· 49
javah ······································· 49
JDKディストリビューション ·······52, 53, 74
JEP ··· 13
JITコンパイル ·························· 137
JNDI ······································ 95
jpackage ·································· 47
JShell ····································· 46
JSR ··· 13
JVM ·································· 39, 152
Kotlin ···································· 156
LTS ···························· 8, 54, 59, 62
Micronaut ·························· 10, 158
MicroProfile ··············· 9, 117, 119
MicroProfile Starter ··················· 120
native2ascii ····························· 49
ojdkbuild ································· 70
OpenJDK ············· 8, 53, 58, 71, 82
Oracle JDK ······················· 8, 65, 71
Oracle OpenJDK ·················· 65, 71
Pack200 ··································· 50
Project Amber ······················ 10, 22
Project Jigsaw ························ 39, 55
Project Loom ················· 10, 11, 28
Project Panama ···················· 10, 11
Project Valhalla ············· 10, 11, 30
Quarkus ······························ 10, 169
Red Hat OpenJDK ·················· 66, 72
RESTful Web Services ················ 108
SapMachine································ 67, 72
Servlet ··································· 102
Stream ···································· 24
String ····································· 23
Substrate VM ···················· 139, 145
Switch式 ································· 17

Truffle ··································· 131
try-with-resources ····················· 17
Vector API································ 27
VisualVM ································· 50
Webアプリケーション·············· 98, 104
Webコンテナ ···························· 101

あ

値型 ··· 11
インターセプタ ························· 107
エンタープライズアプリケーション ····· 84
オブジェクト指向 ························ 90
オブジェクト配列 ························ 30

か

ガベージコレクション (GC) ············ 42
クラウド ··························· 150, 155
クラスデータ共有 (CDS) ··············· 40
互換性検証キット (TCK)··············· 91
コンテナ ·································· 155
コンテナアーキテクチャ ················· 89
コンテナ型仮想化 ················ 150, 152
コンポーネント ·························· 20
コンポーネント技術 ···················· 104

さ

シールド型 ································· 21
ジェネリクス (Generics) ··········· 11, 38
試用機能 ··································· 13

た

ダイヤモンド型推論 ····················· 16
単一ファイルの実行 ····················· 46
テキストブロック ······················· 19

は

パターンマッチング ····················· 21
ビジネスモデル ·························· 63
標準ライブラリの変更 ··················· 23
フレームワーク ···················· 10, 150

ま

マイクロサービス················ 116, 119, 151
モジュールシステム ·········· 39, 55, 152
モノリス ·································· 116

ら

ライセンス変更 ·························· 55
リファレンス実装 (RI) ··················· 91
リリースモデルの変更 ············· 8, 54, 64
例外メッセージ ·························· 44
レコード型 ································· 20
ローカル変数型推論 ····················· 16
ローカルメソッド ························ 22
ロギング································· 45

◆本書サポートページ
https://gihyo.jp/book/2020/978-4-297-11199-1
本書記載の情報の修正／訂正／補正については、当該Webページで行います。

カバーデザイン　　　　：菊池　祐（株式会社ライラック）
本文デザイン・組版・編集：トップスタジオ
イラスト　　　　　　　：大澤　司
担当　　　　　　　　　：小竹 香里

■お問い合わせについて

本書に関するご質問については、記載内容についてのみとさせて頂きます。本書の内容以外のご質問には一切お答えできませんので、あらかじめご承知置きください。また、お電話でのご質問は受け付けておりませんので、書面またはFAX、弊社Webサイトのお問い合わせフォームをご利用ください。

なお、ご質問の際には、「書籍名」と「該当ページ番号」、「お客様のパソコンなどの動作環境」、「お名前とご連絡先」を明記してください。

〒162-0846　東京都新宿区市谷左内町21-13
株式会社技術評論社
『みんなのJava OpenJDKから始まる大変革期！』係
FAX　03-3513-6173
URL　https://book.gihyo.jp

お送りいただきましたご質問には、できる限り迅速にお答えをするよう努力しておりますが、ご質問の内容によってはお答えするまでに、お時間をいただくこともございます。回答の期日をご指定いただいても、ご希望にお応えできかねる場合もありますので、あらかじめご了承ください。

ご質問の際に記載いただいた個人情報は質問の返答以外の目的には使用いたしません。また、質問の返答後は速やかに破棄させていただきます。

みんなのJava OpenJDKから始まる大変革期！

2020 年 3 月 26 日　初版　第 1 刷　発行

著　者　　きしだ なおき、吉田 真也、山田 貴裕、蓮沼 賢志、
　　　　　阪田 浩一、前多 賢太郎

発行者　　片岡 巌
発行所　　株式会社技術評論社
　　　　　東京都新宿区市谷左内町 21-13
　　　　　電話　03-3513-6150　販売促進部
　　　　　　　　03-3513-6177　雑誌編集部
印刷・製本　港北出版印刷株式会社

ISBN978-4-297-11199-1 C3055
Printed in Japan